Terre et Climat

Autres titres disponibles aux Éditions La Butineuse :

Nourrir la terre. Manifeste pour une agriculture régénératrice, Daniel Baertschi

Hydrater la Terre. Le rôle oublié de l'eau dans la crise climatique, Ananda Fitzsimmons

Les agriculteurs ont la Terre entre leurs mains, Paul Luu

Chroniques énergétiques. Clés pour comprendre l'importance de l'énergie, Greg de Temmerman

Couverture et maquette intérieure : © Agence Coam

ISBN : 978-2-493291-12-7

Atelier des Entreprises
Place de l'Europe – Porte Océane 3
56400 Auray – France
www.editions-labutineuse.com

Patrick Love

Terre et Climat

Éclairages sur le rapport spécial du GIEC

Éditions la Butineuse

Table des matières

Note aux lecteurs 9

Chapitre Un – Interactions terre-climat.............. 13

Chapitre Deux – La dégradation des sols.......... 27

Chapitre Trois – La désertification..................... 41

Chapitre Quatre – La sécurité alimentaire........55

Chapitre Cinq – Les liens entre le climat, les terres et la sécurité alimentaire.................................69

Chapitre Six – Faire face aux risques du changement climatique.................................85

Note aux lecteurs

L'objectif de ce livre est de permettre à des personnes ne disposant ni du temps, ni des prérequis nécessaires, de mieux comprendre un rapport du GIEC publié en 2019.

Celui-ci a pour titre *Changement climatique et terres émergées : Un rapport spécial du GIEC sur le changement climatique, la désertification, la dégradation des sols, la gestion durable des terres, la sécurité alimentaire et les flux de gaz à effet de serre dans les écosystèmes terrestres.*[1] Ce rapport est également connu sous le nom de *Rapport spécial sur le changement climatique et les terres émergées.*

Le rapport spécial « évalue la dynamique du système terre-climat, ainsi que les dimensions économiques et sociales de la résolution des problèmes de dégradation des terres, de désertification et de sécurité alimentaire dans un climat changeant. Il évalue également les options de gouvernance et de prise de décision à des échelles multiples ». Il a été compilé par plus de 600 experts issus de divers domaines de recherche. La majorité d'entre eux (52 %) sont issus de pays en développement.

Les conclusions s'appuient sur plus de 7 000 publications scientifiques et techniques. Chaque conclusion est fondée sur une évaluation de tous les éléments scientifiques apportés par ces publications. Un niveau de confiance est exprimé à l'aide de cinq qualificatifs : très faible, faible, moyen, élevé et très élevé.

Dans cette brève introduction, nous ne citons que les conclusions classées comme de « haute confiance » ou « très haute confiance ». Ces résultats sont cités mot pour mot dans notre texte et sont mis en évidence en italique.

Le texte suit la structure du rapport du GIEC :

Le chapitre 1 présente les interactions terre-climat aux échelles locale, régionale et mondiale.

Le chapitre 2 examine les forces à l'origine de la désertification et de la dégradation des terres, ainsi que leur lien avec l'activité humaine et le changement climatique.

Le chapitre 3 décrit les causes de la désertification et leur interaction avec le changement climatique.

Le chapitre 4 se concentre sur la sécurité alimentaire et les impacts du changement climatique sur les systèmes alimentaires, en considérant comment l'atténuation et l'adaptation peuvent contribuer à la santé humaine et planétaire.

Le chapitre 5 analyse les liens entre les options d'atténuation et d'adaptation du climat pour lutter contre la désertification et la dégradation des terres, et pour améliorer la sécurité alimentaire.

Le chapitre de conclusion évalue les opportunités, la prise de décision et les réponses politiques aux risques dans le système climat-terre-homme.

Les exemples et les discussions de notre texte s'appuyant sur des sources autres que le GIEC, les opinions exprimées peuvent ne pas être celles du GIEC ou de ses membres.

Notes

1. *IPCC, 2019: Climate Change and Land: an IPCC special report on climate change, desertification, land degradation, sustainable land management, food security, and greenhouse gas fluxes in terrestrial ecosystems* [P.R. Shukla, J. Skea, E. Calvo Buendia, V. Masson-Delmotte, H.-O.Pörtner, D. C. Roberts, P. Zhai, R. Slade, S. Connors, R. van Diemen, M. Ferrat, E. Haughey, S. Luz, S. Neogi, M. Pathak, J. Petzold, J. Portugal Pereira, P. Vyas, E. Huntley, K. Kissick, M. Belkacemi, J. Malley, (eds.)]. In press. https://www.ipcc.ch/srccl/

Chapitre Un
Interactions terre-climat

L'expression « effet papillon » vient des travaux du météorologue Edward Lorenz, qui a découvert en 1961 qu'un changement minuscule dans les données qu'il avait saisies dans son modèle météorologique numérique (arrondir 0,506127 à 0,506) conduisait finalement à une prévision totalement différente de celle utilisant le nombre original.[1] L'idée que le battement d'ailes d'un papillon au Brésil puisse entraîner une tornade au Texas est loin de la théorie de Newton selon laquelle « pour toute action, il existe une réaction égale et opposée ». Dans un monde newtonien, le battement d'ailes ne provoquerait qu'une réaction dans l'air que les ailes poussent, permettant au papillon de voler. Mais lorsqu'on parle du climat, il faut aller au-delà des paires action-réaction pour considérer des séries complexes d'interactions impliquant l'air, la terre, les océans et l'activité humaine. Nous pouvons considérer ces interactions comme un système adaptatif, où chaque partie influence constamment les autres et est influencée par elles.

Dans ce chapitre, nous examinerons une partie de la dynamique de ce système, à savoir les interactions terre-climat aux échelles locale, régionale et mondiale. La couverture et l'utilisation des sols sont adaptées aux « enveloppes climatiques », qui correspondent à des combinaisons de plages de températures et/ou de précipitations. Les émissions de gaz à effet de serre (GES) causées par l'homme ont un impact sur les terres par le biais de changements météorologiques et climatiques et par la modification de la composition de l'atmosphère, notamment par l'augmentation de la quantité de CO_2.

Le réchauffement anthropique a entraîné des déplacements de zones climatiques, principalement une augmentation des climats secs et une diminution des climats polaires. Le réchauffement en cours devrait entraîner l'apparition de nouveaux climats chauds dans les régions tropicales, ainsi que le déplacement des zones climatiques vers les pôles aux latitudes moyennes et élevées, et vers le haut dans les régions de plus grande altitude. (IPCC SRCCL, p. 44)

L'énergie se déplace des régions chaudes vers les régions froides – des tropiques vers les pôles – et lorsque la quantité de chaleur dans une région augmente, les caractéristiques de cette région changent. Le désert du Sahara, par exemple, a augmenté de 10 % au cours du XXe siècle,[2] tandis que la glace de l'Antarctique fond aujourd'hui six fois plus vite que dans les années 1990.[3]

Le déplacement des enveloppes climatiques – des combinaisons de température et d'humidité – plus chaudes vers les zones de haute latitude pourrait aider l'agriculture grâce à l'allongement des saisons de croissance, au réchauffement des températures saisonnières et à l'augmentation des concentrations de CO_2 dans l'atmosphère, qui stimulent la photosynthèse. Toutefois, les plantes et les animaux ont évolué pour s'adapter à leurs niches climatiques. Même s'ils pouvaient évoluer autant dans les prochaines décennies qu'ils ont évolué au cours des derniers milliers ou millions d'années, cela pourrait ne pas être assez rapide pour faire face aux changements prévus d'ici les années 2070.[4] Dans l'ensemble, la perte de productivité de la végétation dans de nombreuses régions du monde pourrait annihiler les avantages que l'augmentation des concentrations atmosphériques de CO_2 pourrait apporter à l'utilisation et à la couverture des sols.

Le réchauffement va également accroître la fonte des neiges et réduire l'albédo, c'est-à-dire la quantité de rayonnement solaire réfléchie plutôt qu'absorbée par une surface. Lorsque l'albédo est réduit, la terre absorbe davantage de chaleur. Dans les régions polaires, cela conduit à une boucle de rétroaction où l'absorption accrue de chaleur fait fondre davantage de glace, ce qui réduit encore l'albédo. Un phénomène similaire se produit dans la toundra, où la fonte du pergélisol (permafrost en anglais) libère les GES piégés dans le sol.

Un contre-exemple espagnol montre comment les modifications de l'état des sols dues à l'utilisation humaine, littéralement aux serres, peuvent affecter le climat. La province semi-aride d'Almeria possède à la fois le plus grand désert d'Europe et la plus grande superficie de serres du monde, soit près de 30 000 hectares. Les feuilles de plastique blanc dont sont faites les serres ont tellement augmenté l'albédo que la température annuelle moyenne de la région a en fait baissé de près d'un degré depuis les années 1980.[5]

L'espèce humaine s'est développée au sein d'une niche climatique. Au cours des 6 000 dernières années, la plupart d'entre nous ont vécu dans des régions où la température annuelle moyenne était de 13°C, mais au cours des 50 prochaines années, 1 à 3 milliards de personnes pourraient vivre dans des régions plus chaudes que cela.[6] En outre, certaines régions sont déjà très proches de connaître des combinaisons de chaleur et d'humidité qui rendent impossible toute survie prolongée à l'extérieur, par exemple le littoral sud du golfe Persique et le nord de l'Asie du Sud, où vivent des millions de personnes.[7]

La fréquence et l'intensité de certains phénomènes météorologiques et climatiques extrêmes ont augmenté en raison du réchauffement de la planète et continueront à augmenter dans le cadre de scénarios d'émissions moyennes et élevées. La variabilité climatique future devrait accroître le risque et la gravité des incendies de forêt dans de nombreux biomes tels que les forêts tropicales humides. (p. 45)

Les inondations, en tant que menace existentielle pour la vie, sont mentionnées dans la légende de Gilgamesh et plus tard dans la Bible, qui parle également de destruction par le feu. Ces craintes archaïques se concrétisent de plus en plus fréquemment. Le nombre d'inondations et autres événements hydrologiques a été multiplié par quatre dans le monde depuis 1980 et a doublé depuis 2004.

Les températures extrêmes, les sécheresses et les incendies de forêt ont plus que doublé depuis 1980, tout comme les tempêtes.

Comme l'a montré l'été 2021, toutes les régions du monde sont touchées. Rien qu'en juillet de cette année, les inondations et les glissements de terrain qu'elles ont provoqués ont tué plus de 920 personnes, dont 219 en Belgique et en Allemagne, 192 à Mumbai et dans le Maharashtra, en Inde, 113 dans la province du Nuristan, en Afghanistan, et 99 dans la province du Henan, en Chine.[8] Neuf personnes ont été tuées par des feux de forêt en Californie, mais les décès liés aux catastrophes environnementales ne sont pas toujours immédiats. Plus de 33 000 décès par an peuvent être attribués à la pollution atmosphérique due aux incendies de forêt, dont 7 000 au Japon, plus de 3 000 au Mexique, plus de 1 200 en Chine, plus de 5 200 en Afrique du Sud, près de 5 300 en Thaïlande et près de 3 200 aux États-Unis.[9]

En 2019, la pire catastrophe naturelle mondiale en termes de vies humaines perdues a été une canicule en Europe, responsable de 2 500 des 11 755 décès causés par des catastrophes naturelles signalées cette année-là.[10] À l'échelle mondiale, les vagues de chaleur sont devenues plus fréquentes et plus longues depuis les années 1950, et les plus fortes augmentations sont observées dans les régions qui devraient souffrir le plus des impacts du changement climatique.[11] D'ici la fin du siècle, les vagues de chaleur pourraient devenir extrêmement longues (plus de 60 jours consécutifs) et fréquentes (une fois tous les deux ans) dans la plupart des régions du monde.

Les sécheresses devraient elles aussi s'aggraver, certaines études prévoyant que d'ici 2100, le changement climatique pourrait réduire le stockage d'eau terrestre (en anglais Terrestrial Water Storage) dans de nombreuses régions, indépendamment d'autres facteurs tels que les changements d'affectation des terres, notamment dans l'hémisphère sud, aux États-Unis et dans le sud-ouest de l'Europe. La superficie des terres et la population mondiale concernées par des sécheresses extrêmes à exceptionnelles pourraient plus que doubler, passant de 3 % à 7 % pour la superficie des terres et à 8 % pour la population.[12]

Les catastrophes naturelles ont également un coût à payer. Aux États-Unis, par exemple, le coût de 285 catastrophes météorologiques et climatiques majeures depuis 1980 est estimé à plus de 1 875 milliards de dollars.[13]

Le déplacement des zones climatiques signifie que les incendies de forêt se déplacent également. Dans les régions où les feux de forêt sont « traditionnels », la vie a eu le temps de s'adapter aux incendies, grâce à la résistance aux flammes de l'écorce des arbres, par exemple. Certaines espèces dépendent même des incendies, comme les séquoias géants de Californie, qui profitent des incendies pour débarrasser le sous-bois et permettre à leurs graines de germer. Mais nous observons aujourd'hui des incendies de grande ampleur dans de nouvelles zones, ou dans des zones où ils étaient très rares. La partie septentrionale de la planète se réchauffe plus rapidement que l'ensemble de la Terre, et les forêts boréales (du nord) brûlent à un rythme jamais vu depuis 10 000 ans.[14]

Les dégâts causés par les incendies dans les forêts tropicales humides s'aggravent également. Souvent, ces incendies sont allumés délibérément pour défricher des terres pour l'agriculture, mais le climat joue également un rôle. Le réchauffement de l'Atlantique Nord et des océans tropicaux du Pacifique Est éloigne l'humidité de l'Amazonie, ce qui allonge la saison sèche et augmente le risque que les incendies allumés délibérément se propagent de manière incontrôlée.[15]

Les changements des conditions terrestres modulent la probabilité, l'intensité et la durée de nombreux événements extrêmes. (p. 47)
Le changement climatique régional peut être atténué ou renforcé par des modifications de la couverture et de l'utilisation des sols au niveau local, mais cela dépend de l'endroit et de la saison. (p. 135)

L'état des sols affecte également le climat et le temps « normaux ». En raison du manque de données historiques, il n'existe pas d'observation directe de la façon dont les changements passés d'utilisation des sols ont affecté la dynamique et la physique de l'atmosphère à l'échelle mondiale ou régionale, de sorte que des modèles sont utilisés pour estimer les tendances. Cependant, les expériences de modélisation du climat n'évaluent que les impacts des changements de la couverture terrestre tels que la déforestation ou l'urbanisation, et négligent les effets des changements dans la gestion des terres tels que l'irrigation, l'utilisation d'engrais ou le choix des cultures. Pour cette raison, nous utiliserons le terme « changements de la couverture terrestre ».

Les modifications de la couverture et de l'utilisation des sols induites par l'homme font partie d'un cycle. La déforestation et l'afforestation, le pâturage, l'irrigation, l'urbanisation, *et cetera*, entraînent des modifications du CO_2 atmosphérique. Cela provoque des changements dans les variables atmosphériques mondiales (température, précipitations, circulation atmosphérique, *et cetera*) qui modifient les variables locales et régionales telles que la température, les précipitations et le vent. Celles-ci entraînent à leur tour des modifications du fonctionnement, de la couverture et de la structure des terres, notamment la photosynthèse, l'assèchement, le verdissement, la répartition des écosystèmes naturels et la composition des espèces. Ces changements modifient ensuite le CO_2 atmosphérique.

Dans les régions boréales, où le changement climatique prévu fera repousser la limite des arbres vers le nord, augmenter la durée de la saison de croissance des plantes et dégeler le pergélisol, le réchauffement hivernal régional sera accentué par la diminution de l'albédo de surface et de la neige. Le réchauffement sera atténué pendant la saison de croissance en raison d'une évapotranspiration plus importante – évaporation de l'eau de la surface terrestre plus transpiration des plantes. Sous les tropiques, le changement climatique augmente les précipitations. La croissance de la végétation et l'augmentation de l'évapotranspiration qui en découle atténueront le réchauffement régional.

L'agriculture, la sylviculture et les autres utilisations des terres (Agriculture, Forestry and Other Land Use, AFOLU) constituent une source nette importante d'émissions de GES. (p. 45)

Les changements historiques de la couverture terrestre anthropique ont entraîné un réchauffement mondial annuel moyen de l'air de surface dû à des effets biogéochimiques tels que les émissions de carbone, même s'ils sont compensés dans une certaine mesure par un refroidissement biophysique, dû à l'augmentation de l'albédo de surface, comme on l'a vu à Almeria par exemple. La question clé est de savoir dans quelle mesure l'AFOLU contribue aux émissions anthropiques mondiales de GES, en amorçant le cycle décrit ci-dessus.

L'agriculture, la sylviculture et les autres utilisations des terres étaient responsables d'environ 23 % des émissions de GES anthropiques sur la période 2007-2016. Ils constituaient la principale source anthropique d'oxyde nitreux (N2O) provenant des engrais, le GES le plus important après le dioxyde de carbone et le méthane. Les engrais chimiques utilisant de l'azote stimulent la production agricole, mais les plantes ne peuvent utiliser qu'une certaine quantité d'azote. Une fois cette limite atteinte dans les terres cultivées, les émissions de N2O augmentent de manière exponentielle. Les émissions mondiales de N2O ont augmenté au cours des deux dernières décennies et la croissance la plus rapide a été enregistrée depuis 2009, notamment en Chine et au Brésil, en raison de l'utilisation accrue d'engrais azotés et de l'expansion des cultures fixant l'azote, comme le soja.[16]

Les effets des modifications de la couverture des sols ne se limitent pas à la zone où elles se produisent. Les modifications de la couverture terrestre locale ou de l'eau disponible pour l'irrigation peuvent affecter le climat de régions situées à des centaines de kilomètres. C'est l'une des raisons pour lesquelles les pluies torrentielles en Allemagne peuvent être liées à l'urbanisation en Espagne. Les précipitations sur la côte espagnole proviennent principalement des brises marines de la mer méditerranéennes qui absorbent également l'humidité supplémentaire des marais et des zones humides. Mais comme ces marais et zones humides sont construits ou drainés pour l'agriculture, les brises ne peuvent plus capter suffisamment d'humidité pour pouvoir déclencher les orages d'été au-dessus des montagnes. La vapeur d'eau s'accumule au-dessus de la Méditerranée, avant de dériver vers le nord et tomber sous forme de pluie lorsqu'elle se refroidit sur l'Europe centrale.[17]

Le changement climatique a déjà des répercussions sur la santé et la demande énergétique d'un grand nombre de personnes vivant dans des zones urbaines. (p. 188)

Plus de la moitié de la population mondiale vit dans des villes, qui génèrent environ les trois quarts des émissions totales de carbone liées à la consommation d'énergie. Selon les prévisions, la proportion de la population urbaine devrait atteindre environ 70 % d'ici le milieu du siècle, l'essentiel de la croissance se situant dans les pays en développement. Sur les 33 mégapoles du monde en 2018 (population de 10 millions d'habitants ou plus), 27 sont situées dans les régions les moins développées, et 9 des 10 villes qui devraient devenir des mégapoles entre 2018 et 2030 sont situées dans des pays en développement.[18]

La pollution atmosphérique urbaine augmente avec le changement climatique car un air plus chaud peut nuire à la qualité de l'air en favorisant la formation d'oxydants photochimiques tels que le N2O et en augmentant la concentration de polluants atmosphériques tels que l'ozone. En 2015, environ 8,8 millions de décès peuvent être attribués à la pollution atmosphérique, contre 7,2 millions au tabagisme. Sans les émissions de combustibles fossiles, l'espérance de vie moyenne mondiale augmenterait de 1,1 an, et de 1,7 an si toutes les émissions anthropiques potentiellement contrôlables étaient supprimées.[19] Certaines pollutions atmosphériques sont « naturelles », comme les tempêtes de poussière. Les données provenant des prélèvements à l'aide de carottes de glace montrent que les tempêtes de poussière se sont aggravées au cours des périodes de réchauffement planétaire passées, et il est probable que cela se reproduise.[20]

L'étalement urbain devrait consommer de 1,8 % à 2,4 % supplémentaires des terres cultivées actuelles d'ici à 2030 et 5 % d'ici à 2050, les terres très productives connaissant le taux le plus élevé de conversion en zones urbaines. Ces zones urbaines en expansion subiront les effets directs et indirects du changement climatique, tels que l'élévation du niveau de la mer et de violentes tempêtes, l'augmentation de la salinité des sols et les glissements de terrain provoqués par les pluies extrêmes. Une urbanisation mal planifiée peut accroître l'exposition des populations aux risques climatiques, car les établissements informels et les infrastructures mal construites sont souvent les plus exposés aux incendies, aux inondations et aux glissements de terrain. D'ici 2050, la croissance démographique dans les zones inondables, le changement climatique, la déforestation, la disparition des zones humides et l'élévation du niveau de la mer devraient porter à 2 milliards le nombre de personnes vulnérables aux inondations.[21]

Plusieurs options de réponse d'atténuation ont un potentiel technique de >3 GtéqCO_2 an^{-1} d'ici 2050 grâce à la réduction des émissions et à l'élimination du dioxyde de carbone (CDR), dont certaines sont en concurrence pour les terres et d'autres ressources, tandis que d'autres peuvent réduire la demande de terres. (p. 49)

Les émissions provenant de l'AFOLU (L'agriculture, la sylviculture et les autres utilisations des terres) pourraient être réduites de manière significative en modifiant certaines pratiques, préférences et comportements. La réduction de la déforestation et de la dégradation des forêts pourrait réduire les émissions de l'équivalent de plus de 0,7 à 0,8 gigatonne de CO_2 par an (GtéqCO_2 an^{-1}). La superficie totale des forêts dans le monde est de 4,06 milliards d'hectares, soit une réduction de 420 millions d'hectares depuis 1990, en raison de la conversion à d'autres utilisations des terres. L'expansion agricole reste le principal moteur de la déforestation et de la dégradation des forêts, ainsi que de la perte de biodiversité forestière qui en découle. L'agriculture commerciale à grande échelle – principalement l'élevage de bétail et la culture du soja et de l'huile de palme – a représenté 40 % de la déforestation tropicale entre 2000 et 2010, et l'agriculture locale de subsistance 33 %. Le taux de déforestation a toutefois diminué, passant de 16 millions d'hectares par an dans les années 1990 à 10 millions d'hectares par an en 2015-2020.[22]

Le passage à un régime alimentaire à base de plantes pourrait permettre de réduire de 0,7 à 8,0 GtéqCO_2 an^{-1}, mais si la plupart des personnes interrogées dans le cadre d'une enquête mondiale menée par les Nations unies se sont déclarées favorables à la protection des terres et des forêts (54 %), à l'investissement dans les énergies renouvelables (53 %) et à une agriculture respectueuse du climat (52 %), seules 30 % d'entre elles ont estimé que le passage à un régime alimentaire à base de plantes était un bon moyen de lutter contre le changement climatique.[23]

L'un des moyens potentiels les plus efficaces pour réduire les émissions permettrait également d'économiser de l'argent : la réduction des déchets alimentaires et agricoles (0,8-4,5 GtéqCO_2 an^{-1}). Environ un tiers de la nourriture produite dans le monde pour la consommation humaine chaque année – soit environ 1,3 milliard de tonnes – est perdue ou gaspillée, et près de la moitié de tous les fruits et légumes produits dans le monde ne sont jamais consommés par les humains. Cela coûte environ 680 milliards de dollars dans les pays industrialisés et 310 milliards de dollars dans les pays en développement. Outre les avantages pour l'environnement, le fait de sauver ne serait-ce qu'un quart de la nourriture actuellement perdue ou gaspillée dans le monde suffirait à nourrir 870 millions de personnes affamées.[24] (Voir le chapitre 4, Sécurité alimentaire, pour une étude plus détaillée).

La mise en œuvre à grande échelle des options de réponse d'atténuation qui limitent le réchauffement à 1,5 °C ou 2 °C nécessiterait la conversion de grandes surfaces de terres pour le boisement/reboisement et les cultures bioénergétiques, ce qui pourrait entraîner des pertes de carbone à court terme. (p. 49)

La modification de la superficie forestière mondiale nécessaire pour atténuer le changement climatique varie entre environ -0,2 et +7,2 Mkm^2 entre 2010 et 2100, selon les hypothèses des modèles et scénarios utilisés, tandis que la demande de terres pour les cultures bioénergétiques varie entre environ 3,2 et 6,6 Mkm^2 en 2100. Dans les terres à forte teneur en carbone, telles que les forêts et les tourbières, les avantages de la protection des terres en termes de carbone sont plus importants à court terme que la conversion des terres en cultures bioénergétiques pour le captage et le stockage du carbone, qui peut nécessiter plusieurs cycles de récolte pour « rembourser » le carbone émis lors de la conversion.

La gestion durable des terres nécessite une combinaison d'approches, mais la clé de la plupart des pratiques est l'augmentation des stocks de carbone organique du sol (Soil Organic Carbon, SOC en anglais). En plus de contribuer à l'atténuation du changement climatique en éliminant le CO_2 de l'atmosphère, l'augmentation du SOC améliore la santé et la fertilité des sols, la capacité de rétention de l'eau et des nutriments, le potentiel de production alimentaire et la résistance à la sécheresse, bien que l'ampleur des avantages potentiels dépende des conditions locales.

L'adoption à grande échelle de pratiques de gestion durable des terres dans l'ensemble des cultures, des pâturages, des forêts et des zones boisées pourrait, en théorie, permettre de piéger environ 1 à 2 Gt de carbone par an dans le monde entier d'ici 30 à 50 ans. Toutefois, comme le taux de piégeage diminue à mesure que le sol s'approche du niveau de saturation, le principal potentiel de piégeage du carbone se trouve dans les sols dégradés. Dans les sols qui ont déjà une teneur élevée en SOC, la priorité est de prévenir les pertes. Dans l'ensemble, la gestion durable des terres offre la possibilité de récupérer entre 21 et 51 Gt de carbone perdu dans les sols agricoles et dégradés de la planète.[25]

Conclusion

Dans ce chapitre, nous avons examiné le système naturel et sa dynamique, les impacts du changement climatique sur les terres et les rétroactions découlant des flux d'échanges biogéochimiques et biophysiques. Dans le chapitre suivant, nous examinerons l'urgence de s'attaquer à la dégradation de tous les écosystèmes terrestres et nous étudierons les conséquences de l'inaction.

Notes

1. E. N. Lorenz, (1993) *The Essence of Chaos*, U. Washington Press, Seattle

2. https://journals.ametsoc.org/view/journals/clim/31/9/jcli-d-17-0187.1.xml

3. https://www.nature.com/articles/s41586-018-0179-y

4. Rates of change in climatic niches in plant and animal populations are much slower than projected climate change | Proceedings of the Royal Society B: Biological Sciences (royalsocietypublishing.org)

5. Surface temperature cooling trends and negative radiative forcing due to land use change toward greenhouse farming in southeastern Spain - Campra - 2008 - Journal of Geophysical Research: Atmospheres - Wiley Online Library

6. Future of the human climate niche | PNAS

7. The emergence of heat and humidity too severe for human tolerance | Science Advances (sciencemag.org)

8. Worldwide – Over 920 People Killed in Floods and Landslides in July 2021

9. Mortality risk attributable to wildfire-related PM2·5 pollution: a global time series study in 749 locations

10. https://cred.be/sites/default/files/adsr_2019.pdf

11. Increasing trends in regional heatwaves | Nature Communications

12. Global terrestrial water storage and drought severity under climate change | Nature Climate Change

13. Billion-Dollar Weather and Climate Disasters: Time Series | National Centers for Environmental Information (NCEI) (noaa.gov)

14. Recent burning of boreal forests exceeds fire regime limits of the past 10,000 years | PNAS

15. Amazon Basin climate under global warming: the role of the sea surface temperature | Philosophical Transactions of the Royal Society B: Biological Sciences (royalsocietypublishing.org)

16. Acceleration of global N 2 O emissions seen from two decades of atmospheric inversion | Nature Climate Change

17. Extreme hydrometeorological events and climate change predictions in Europe - NASA/ADS (harvard.edu)

18. World Urbanization Prospects - Population Division - United Nations

19. Loss of life expectancy from air pollution compared to other risk factors: a worldwide perspective | Cardiovascular Research | Oxford Academic (oup.com)

20. A 2000 Year Saharan Dust Event Proxy Record from an Ice Core in the European Alps - Clifford - 2019 - Journal of Geophysical Research: Atmospheres - Wiley Online Library

21. 2012 - 4th Edition | United Nations World Water Development Report (unesco.org)

22. State of the World's Forests 2020 (fao.org)

23. The Peoples' Climate Vote | UNDP

24. Worldwide food waste | ThinkEatSave (unep.org)

25. UNCCD_Report_Sustainable Land Management contribution to successful land-based climate change adaptation and mitigation SLM_web_v2.pdf

Chapitre Deux
La dégradation des sols

Aujourd'hui, les personnes contraintes de quitter leur foyer en raison de la sécheresse ou d'une autre catastrophe « naturelle » sont appelées migrants ou réfugiés environnementaux. Dans l'Amérique des années 1930, on les appelait les « Okies », parce qu'un grand nombre d'entre eux avaient été chassés de chez eux dans le « Dust Bowl » (littéralement bol de poussière en anglais) de l'Oklahoma, créé par une combinaison de sécheresse et de vent qui « emportait tout sauf vos dettes ». Il s'agissait d'une catastrophe naturelle dans le sens où elle est survenue après une série de graves sécheresses et de tempêtes de poussière qui ont frappé les prairies américaines et canadiennes de 1930 à 1936. Mais la sécheresse n'était pas inhabituelle dans ces régions, pas plus que les vents violents, et les prairies avaient résisté à des épisodes similaires par le passé.

La différence était due au fait que des périodes de précipitations supérieures à la moyenne avaient encouragé une agriculture extensive et intensive, sans chercher à protéger le sol. Les gens croyaient que « les précipitations suivent la charrue ».[1] Ce n'est pas le cas, et lorsque les herbes qui maintenaient le sol en place et retenaient l'humidité ont été labourées, les sécheresses ont transformé la terre en poussière ensuite emportée par le vent. Les « blizzards noirs » ont masqué le Soleil et provoqué des baisses de température spectaculaires et rapides. Des millions d'hectares de terres agricoles ont été perdus et des centaines de milliers de personnes se sont retrouvées sans ressources.

Le redressement de la situation après le « Dust Bowl » a nécessité une intervention coordonnée du gouvernement dans le cadre du New Deal, avec une législation sur la conservation des sols et l'atténuation de l'érosion, des programmes d'achat de bétail et d'autres produits dans les zones touchées, des subventions aux agriculteurs, ainsi que le retour des précipitations aux niveaux antérieurs à la sécheresse. Lorsque le cycle de sécheresse suivant a frappé dans les années 1950, le « Dust Bowl » ne s'est pas reproduit.

Aujourd'hui, la désertification et la dégradation des sols se poursuivent, souvent dans des endroits qui ne disposent pas des moyens financiers et autres dont disposaient les États-Unis à l'époque pour régler le problème. Dans ce chapitre, nous examinerons les forces à l'origine de la désertification et de la dégradation des sols, ainsi que leur lien avec l'activité humaine et le changement climatique.

> *La dégradation des terres est définie comme une tendance négative de l'état des terres, causée par des processus directs ou indirects d'origine humaine, y compris le changement climatique anthropique, exprimée par une réduction ou une perte à long terme d'au moins un des éléments suivants : productivité biologique, intégrité écologique ou valeur pour l'homme.* (IPCC SRCCL, p. 53)

Outre la production d'aliments et de fibres, la terre fournit d'autres services, notamment la régulation des microclimats, le stockage du carbone et de l'eau. Un rapport rédigé par une coalition de chercheurs dirigée par l'Université des Nations unies estime que la perte de ces services écosystémiques en raison de la dégradation des terres coûte entre 6 300 et 10 600 milliards de dollars par an, soit l'équivalent de 10 à 17 % du PIB mondial.[2]

L'Union internationale pour la conservation de la nature (UICN) estime que les sols stockent plus de carbone que la biomasse et l'atmosphère de la planète réunies. Si une meilleure gestion des terres augmentait les stocks de carbone dans le premier mètre des sols de seulement 1 %, cela serait supérieur à la quantité de carbone contenue dans le CO_2 produit chaque année par la combustion de combustibles fossiles.[3] Au contraire, lorsque les terres sont dégradées, le carbone du sol peut être libéré dans l'atmosphère, avec l'oxyde nitreux, contribuant ainsi au changement climatique.

La plateforme intergouvernementale scientifique et politique sur la biodiversité et les services écosystémiques (IPBES) estime que plus de 43 % des terres de la planète sont dégradées par l'activité humaine, ce qui a un impact négatif sur le bien-être d'au moins 3,2 milliards de personnes.[4]

> *Le changement climatique exacerbe le rythme et l'ampleur de plusieurs processus de dégradation des terres en cours et introduit de nouveaux schémas de dégradation. [...] Les changements d'affectation des terres et la gestion non durable des terres sont des causes humaines directes de la dégradation des terres, l'agriculture étant un secteur dominant dans ce domaine.* (p. 53)

Les terres peuvent être dégradées par l'activité humaine, par des causes naturelles ou par une combinaison des deux. Par exemple, 80 % de la déforestation mondiale a été attribuée aux pratiques agricoles, dans de nombreux cas encouragées par des subventions gouvernementales d'une valeur de 200 milliards de dollars par an.[5] Un rapport présenté au sommet des Nations unies sur les systèmes alimentaires de septembre 2021 a calculé que près de 90 % des 540 milliards de dollars de subventions mondiales annuelles accordées aux agriculteurs alimentent la crise climatique, nuisent à la santé des populations, détruisent la nature et favorisent les inégalités en excluant les petits exploitants, dont beaucoup sont des femmes ou issus de communautés marginalisées.[6] L'IPBES estime que plus de 70 % de toutes les terres naturelles et libres de glace ont été transformées par l'activité humaine, et que ce chiffre pourrait atteindre 90 % d'ici à 2050 si les schémas actuels d'utilisation des terres se poursuivent. Si les politiques visant à limiter le réchauffement climatique restent inchangées, la perte annuelle de sol pourrait augmenter de 66 % à l'échelle mondiale d'ici 2070 par rapport à aujourd'hui, pour atteindre plus de 70 milliards de tonnes de sol par an.[7]

L'utilisation des sols, que ce soit pour l'agriculture, les villes ou d'autres activités, s'est adaptée aux « enveloppes climatiques » mentionnées au chapitre 1 – des combinaisons de température et d'humidité. Avec le réchauffement de la Terre, ces enveloppes se déplacent vers les pôles et vers des altitudes plus élevées. À court terme, les régions vers lesquelles elles se déplacent peuvent en bénéficier, en allongeant leurs saisons de croissance et en améliorant la photosynthèse grâce à des concentrations de CO_2 plus élevées. Mais il y a un prix à payer. La fonte des neiges augmentera et le permafrost commencera à fondre, libérant davantage de méthane et de CO_2. L'albédo de la terre sera réduit, ce qui signifie que moins de lumière solaire sera réfléchie, ce qui augmentera le réchauffement. Dans la région de l'Himalaya, 129 millions d'agriculteurs dépendent de la fonte annuelle des neiges et des glaciers pour l'irrigation. L'accélération de la fonte réduisant la quantité d'eau stockée disponible pour les années à venir, toute une série de services, des écosystèmes à l'hydroélectricité, en pâtiront. L'augmentation de la fonte provoque déjà des crues brutales et dangereuses.[8]

D'autres enveloppes se déplaceront également, les tropiques connaissant une augmentation de la fréquence, de l'intensité et de la durée des événements extrêmes tels que les vagues de chaleur, les pluies intenses, les sécheresses et les tempêtes.[9] Les systèmes agricoles ne seront plus adaptés, avec des répercussions négatives sur la productivité des cultures et les besoins en irrigation. Dans de nombreuses régions du monde, la perte de productivité de la végétation sera plus importante que les avantages apportés à la couverture des terres par l'augmentation des concentrations atmosphériques de CO_2. Chaque réchauffement de 1°C au-dessus des niveaux historiques pourrait entraîner une baisse d'environ 5 % de la productivité des cultures, ce qui rendrait plus difficile l'augmentation de 60 % de la production alimentaire nécessaire d'ici à 2050 pour faire face à l'accroissement de la population et à l'évolution des régimes alimentaires.[10]

> *La dégradation des sols est un facteur de changement climatique par l'émission de gaz à effet de serre (GES) et la réduction du taux d'absorption du carbone. [... La dégradation des sols et le changement climatique, tant individuellement que combinés, ont de profondes répercussions sur les systèmes de subsistance basés sur les ressources naturelles et les groupes sociaux.* (p. 53)

Les arbres et les plantes sont les moyens naturels les plus connus pour capturer le carbone de l'atmosphère, absorbant un tiers à un quart des émissions de CO_2 provenant des combustibles fossiles.[11] Toutefois, le carbone qu'ils stockent est généralement libéré tôt ou tard. Cela peut se produire à des échelles de temps géologiques, comme lorsque des plantes de la période carbonifère, il y a plus de 300 millions d'années, se transformèrent lentement en charbon pour être utilisées comme combustible. Le nom de cette période vient du latin « carbo » – charbon, et « fero » – je porte. Le processus se déroule plus rapidement lorsque les arbres sont brûlés dans des feux de forêt ou délibérément. La forêt amazonienne était autrefois un puits de carbone, mais la dégradation des sols due au défrichement des arbres pour faire place à la production de soja et de bétail signifie que l'Amazonie est aujourd'hui un contributeur net aux émissions de gaz à effet de serre.[12]

Un cercle vicieux se crée : moins d'arbres signifie moins de pluie et des températures plus élevées, ce qui augmente le risque et la gravité des sécheresses et des incendies de forêt.

Les communautés agricoles et les autres personnes dont les moyens de subsistance dépendent des ressources naturelles s'adaptent et innovent depuis des millénaires. Mais lorsque le changement se produit rapidement ou à grande échelle, les stratégies d'adaptation elles-mêmes peuvent causer des dommages à long terme après l'épuisement de leurs avantages à court terme. De nombreux domaines sociaux et économiques différents peuvent être touchés. Au Zimbabwe, les moyens de subsistance sont fortement tributaires de l'agriculture pluviale, ce qui les rend sensibles aux risques liés au climat. En cas de catastrophe, les ménages peuvent vendre des biens essentiels comme des animaux ou des outils, ou surexploiter les produits forestiers. Ils peuvent réduire leur consommation alimentaire, ce qui nuit à leur santé, ou adopter des comportements qui détruisent la cohésion sociale, comme le vol.[13]

Le prix économique à payer pour la perte des services biosystémiques peut être élevé. Pour en revenir à l'Amazonie, lorsque la forêt est défrichée, on a calculé que la hausse soudaine des températures coûte à l'industrie brésilienne du soja 3,5 milliards de livres sterling par an, un chiffre qui devrait augmenter avec l'aggravation du réchauffement climatique.[14] Les « services de régulation des chaleurs extrêmes » pourraient constituer une source de revenus à plus long terme pour les propriétaires d'écosystèmes. Il a été démontré que les programmes de diversification des revenus de ce type contribuent à réduire la pauvreté rurale,[15] mais les propriétaires des moyennes et grandes exploitations qui dominent l'agriculture brésilienne peuvent préférer les gains immédiats de la production de soja.

> *La mise en œuvre à grande échelle de la production de biomasse dédiée à la bioénergie accroît la concurrence pour les terres, avec des conséquences potentiellement graves pour la sécurité alimentaire et la dégradation des sols.* (p. 53)

D'autres stratégies de diversification, initialement considérées comme « gagnant-gagnant » pour l'environnement et l'économie rurale, font aujourd'hui l'objet de critiques, notamment les programmes de bioénergie. La bioénergie représente aujourd'hui un dixième de l'offre totale d'énergie primaire dans le monde. Sa contribution à la demande d'énergie finale est cinq fois supérieure à celle de l'énergie éolienne et de l'énergie solaire photovoltaïque réunies, même en excluant les utilisations traditionnelles de la biomasse telles que la combustion du bois pour le chauffage domestique et la cuisine. La part de la bioénergie devrait augmenter dans le cadre des stratégies visant à respecter les engagements de réduction de l'utilisation des énergies fossiles. Toutefois, la culture de plantes à des fins énergétiques réduit la surface disponible pour la production alimentaire. En 2009 déjà, une étude de l'Earth Policy Institute montrait que les céréales cultivées par les agriculteurs américains pour fabriquer des biocarburants suffiraient à nourrir 330 millions de personnes au taux de consommation mondial moyen.[16]

La même année, la directive européenne sur les énergies renouvelables a classé la biomasse parmi les sources d'énergie renouvelables,[17] encourageant les gouvernements nationaux à promouvoir la biomasse et faisant grimper la demande de bois. La combustion du bois libère plus de carbone que celle du charbon.[18] En février 2021, 500 scientifiques ont écrit aux présidents des États-Unis, de l'Union européenne, du Japon et de la Corée du Sud pour leur demander de cesser de subventionner la combustion du bois.[19]

Les pratiques agricoles associées à la culture de plantes destinées à la production de carburant sont également préoccupantes. L'Union internationale pour la conservation de la nature (UICN) affirme que la production intensive et monoculturelle de bioénergie peut entraîner des pertes de nutriments et la dégradation des sols.[20] L'UICN s'inquiète également du fait que l'impact sera pire si des espèces homogènes génétiquement améliorées sont favorisées en raison de leur productivité, alors que leurs effets sur la biodiversité, la santé des sols et les services écosystémiques sont négligés. Les impacts négatifs de la monoculture sur les terres ont plusieurs causes. Les monocultures nécessitent généralement des apports élevés d'engrais chimiques et de pesticides qui épuisent davantage les sols et requièrent souvent une irrigation intensive qui accroît la salinisation. Une fois encore, cela crée un cercle vicieux où les nutriments naturels et autres bioservices sont détruits, ce qui nécessite davantage d'apports artificiels. L'utilisation de terres déjà dégradées pour la production de biomasse pourrait être justifiée, mais la superficie des terres appropriées est très incertaine et ne peut être établie sans prendre en compte leur propriété et usage actuel.

Le GIEC conclut que la réduction de l'utilisation non durable de la biomasse traditionnelle réduit la dégradation des terres et les émissions de CO_2, tout en offrant des avantages sociaux et économiques.

> *La dégradation des terres peut être évitée, réduite ou inversée par la mise en œuvre de pratiques durables de gestion, de restauration et de réhabilitation des terres qui offrent simultanément de nombreux avantages connexes, notamment l'adaptation au changement climatique et son atténuation.* (p. 55)

L'objectif de la Décennie des Nations unies pour la restauration des écosystèmes (UN Decade on Ecosystem Restoration) pour 2021-2030, organisée conjointement avec WOCAT (World Overview of Conservation Approaches and Technologies), est d'intensifier massivement la restauration des écosystèmes dégradés afin de lutter contre le changement climatique, d'améliorer la sécurité alimentaire, l'approvisionnement en eau et la biodiversité, et de gérer les risques de conflit et de migration qui y sont associés.[21]

La gestion durable des terres (Sustainable Land Management) est au cœur de ce programme. Selon les estimations des Nations unies, la restauration de 350 millions d'hectares d'écosystèmes terrestres et aquatiques dégradés au cours de la Décennie pourrait générer 9 000 milliards de dollars en services écosystémiques. « La restauration pourrait également éliminer 13 à 26 gigatonnes de gaz à effet de serre de l'atmosphère. Les avantages économiques de ces interventions dépassent neuf fois le coût de l'investissement, alors que l'inaction est au moins trois fois plus coûteuse que la restauration des écosystèmes », selon l'ONU.[22]

La gestion durable des terres peut profiter à tous les types d'écosystèmes, y compris les forêts, les terres agricoles, les villes, les zones humides et les océans, mais il faut persuader les gens d'y avoir recours. La Commission européenne cite un large éventail de techniques examinées dans 363 études WOCAT réalisées dans le monde entier (46 % en Afrique, 41 % en Asie, 7 % en Europe, et le reste en Amérique du Sud et en Australie) et portant sur l'attitude des gens face à l'adoption de pratiques durables.[23] Les moyens examinés vont des mesures structurelles, comme les terrasses et les barrages, aux mesures agronomiques, comme le paillage et l'augmentation de la matière organique dans le sol, en passant par les mesures végétales, comme la plantation d'arbres et les haies, et les mesures de gestion, comme le calendrier de pâturage et la modification de la composition des espèces. Les chercheurs ont constaté que 73 % des participants à l'étude de cas avaient une perception positive ou neutre du rapport coûts-avantages de cette gestion à court terme (trois ans ou moins), tandis que 97 % avaient une vision positive ou très positive du long terme. Leurs principales motivations pour adopter des pratiques durables étaient l'augmentation potentielle de la production (24 %), l'augmentation des profits (20 %), l'amélioration du bien-être et des moyens de subsistance (20 %) et la réduction de la charge de travail (5 %).

L'absence d'action pour lutter contre la dégradation des terres augmentera les émissions et réduira les puits de carbone ; elle est incompatible avec les réductions d'émissions requises pour limiter le réchauffement de la planète à 1,5 °C ou 2 °C. (p. 55)

Les participants à l'étude WOCAT n'étaient pas représentatifs dans la mesure où ils étaient déjà impliqués dans la gestion durable des terres et où la plupart d'entre eux avaient reçu un soutien financier. Le GIEC présente des mesures dont il a été démontré qu'elles facilitent la mise en œuvre de pratiques permettant d'éviter, de réduire ou d'inverser la dégradation des terres, notamment la réforme du régime foncier, les incitations fiscales, le paiement des services écosystémiques, la planification intégrée participative de l'utilisation des terres, les réseaux d'agriculteurs et les services de conseil rural. Les questions foncières sont particulièrement importantes pour les femmes, qui ont souvent moins d'accès formel à la terre que les hommes, et moins d'influence sur les décisions, même si elles effectuent de nombreuses tâches de gestion des terres. Les femmes sont également susceptibles d'être plus touchées par le changement climatique, en raison de la discrimination en matière de régime foncier, d'un accès moindre à d'autres biens d'équipement et de pratiques culturelles.

La dégradation des terres et le changement climatique peuvent donc agir comme des multiplicateurs de menaces pour des personnes déjà victimes de discrimination et dont les moyens de subsistance sont précaires, ce qui les rend très sensibles aux événements climatiques extrêmes, avec des conséquences telles que la pauvreté et l'insécurité alimentaire. Dans de nombreux cas, les jeunes souffrent de désavantages similaires à ceux des femmes.

Une action tardive augmente les coûts de la lutte contre la dégradation des terres et peut entraîner des conséquences biophysiques et humaines irréversibles. Les actions précoces peuvent générer des avantages immédiats et spécifiques aux communautés touchées, et contribuer à des avantages globaux à long terme grâce à l'atténuation du changement climatique.

Conclusion

Le GIEC plaide fortement en faveur de l'examen de la dégradation des terres sous l'angle des systèmes humains et naturels concernés, et de la manière dont ils affectent et sont affectés par le changement climatique. Il est possible d'inverser le processus de dégradation des terres en combinant correctement les politiques, les comportements et les attitudes. Dans le chapitre suivant, nous nous pencherons sur la désertification, qui est en partie un phénomène naturel, mais aussi un avertissement des conséquences extrêmes de l'inaction ou d'interventions mal conçues.

Notes

1. "Rainfall follows the plow", *Encyclopedia of the Great Plains*, David J. Wishart (ed), University of Nebraska–Lincoln, http://plainshumanities.unl.edu/encyclopedia/doc/egp.ii.049

2. UN University *The Value of Land: Prosperous lands and positive rewards through sustainable land management*, Economics of Land Degradation report, 2015

3. IUCN, *Land degradation and climate change: The multiple benefits of sustainable land management in the drylands*, Issues Brief, November 2015 https://www.iucn.org/resources/issues-briefs/land-degradation-and-climate-change

4. IPBES, *The Assessment Report on Land Degradation and Restoration*, 2018 https://www.ipbes.net/sites/default/files/2018_ldr_full_report_book_v4_pages.pdf

5. *Fiscal incentives for agricultural commodity production: Options to forge compatibility with REDD+*, UN-REDD Policy Brief Issue #07, https://www.unep.org/resources/report/fiscal-incentives-agricultural-commodity-production-options-forge-compatibility

6. *A multi-billion-dollar opportunity – Repurposing agricultural support to transform food systems*, FAO, UNDP and UNEP, 2021 https://doi.org/10.4060/cb6562en

7. *Land use and climate change impacts on global soil erosion by water (2015-2070)*, PNAS, Sep 2020, 117 (36) 21994-22001 https://www.pnas.org/content/117/36/21994

8. *Global warming is melting snow faster in the Himalayas*, Deepa Padmanaban, India Climate Dialogue, March 4, 2021 https://indiaclimatedialogue.net/2021/03/04/global-warming-is-melting-snow-faster-in-the-himalayas/

9. "Anthropogenic influences on major tropical cyclone events". Patricola CM, Wehner MF., *Nature* 563, 339-346, 2018,
https://www.nature.com/articles/s41586-018-0673-2

10. CGIAR Research Program on Climate Change, Agriculture and Food Security,
https://www.cgiar.org/research/program-platform/climate-change-agriculture-and-food-security/

11. "How much carbon can the world's forests absorb?" Peter Reich, *The Conversation*, 12 June 2013
https://phys.org/news/2013-06-carbon-world-forests-absorb.html

12. "Amazonia as a carbon source linked to deforestation and climate change", Luciana V. Gatti et al., Nature volume 595, pages388–393 (2021),
https://doi.org/10.1038/s41586-021-03629-6

13. UNDP, *Zimbabwe Human Development Report 2017: Climate Change and Human Development*,
http://hdr.undp.org/sites/default/files/reports/2842/undp_zw_2017zhdr_full.pdf

14. "Conserving the Cerrado and Amazon biomes of Brazil protects the soy economy from damaging warming", Rafaele Flach et al., *World Development*, Volume 146, October 2021, 105582,
https://doi.org/10.1016/j.worlddev.2021.105582

15. "Nonfarm income diversification and household livelihood strategies in Rural Africa: Concepts, dynamics and policy implications", CB Barrett et al., Food Policy, 26 (4) (2001), pp. 315-331, 10.1016/S0306-9192(01)00014-8

16. "Population Pressure: Land and Water: Cars and People Compete for Grain", Lester Brown, in *Plan B 4.0: Mobilizing to Save Civilization*, Earth Resources Institute, 2010, http://www.earth-policy.org/books/pb4/PB4ch2_ss6

17. *Directive 2009/28/EC of the European Parliament and of the Council* https://eur-lex.europa.eu/LexUriServ/LexUriServ.do?uri=OJ:L:2009:140:0016:0062:en:PDF

18. "Bioenergy 'flaw' under EU renewable target could raise emissions", Prof Sir John Beddington, CarbonBrief, 19 December 2017, https://www.carbonbrief.org/guest-post-bioenergy-flaw-under-eu-renewable-target-could-raise-emissions

19. Scientist Letter to Biden, von der Leyen, Michel, Suga & Moon Re. Forest Biomass (February 11, 2021).pdf (dropbox.com)

20. *Bioenergy*, IUCN, 2018, https://www.iucn.org/renewables-and-biodiversity/our-work/bioenergy

21. UNDER https://www.unccd.int/sites/default/files/inline-files/210601_RestoringLifetotheLand_Summary2P.pdf

22. *What is ecosystem restoration?*, UNDER, UNEP, FAO, 2021, https://www.decadeonrestoration.org/what-ecosystem-restoration

23. Markus Giger et al., "Economic Benefits and Costs of Sustainable Land Management Technologies: An Analysis of WOCAT's Global Data", *Land Degradation & Development*, 20 August 2015 https://doi.org/10.1002/ldr.2429

Chapitre Trois
La désertification

Dans l'*Agricola* de Tacite, le chef calédonien Calgacus dit à ses guerriers ce qu'il pense des Romains qui ont envahi la Grande-Bretagne : « Ravager, massacrer, usurper sous de faux titres, ils appellent cela empire, et là où ils font un désert, ils l'appellent paix ».[1] Les déserts sont une métaphore puissante dans de nombreuses littératures et langues. Ils peuvent symboliser le mal et l'enfer, comme ici dans la bouche du chef barbare, ou un lieu de méditation, de sainteté et de découverte de soi, comme dans les histoires de Moïse dans les textes sacrés, ou les histoires de mystiques en quête d'illumination. La différence est une question de choix. Une vision positive accompagne la décision d'aller dans le désert, dans des circonstances où le séjour n'est que temporaire.

Aujourd'hui, certaines personnes choisissent d'aller vivre dans le désert, ou de ne pas le quitter si elles y sont nées, mais pour la grande majorité, le désert est quelque chose qui se produit sans qu'elles le choisissent, même si leurs actions contribuent à son arrivée. Les conséquences peuvent être aussi dévastatrices que l'invasion militaire dénoncée par Calgacus.

Dans ce chapitre, nous examinerons les causes de la désertification et la façon dont elles interagissent avec le changement climatique, généralement pour le pire.

La désertification est la dégradation des terres dans les zones arides, semi-arides et subhumides sèches, collectivement appelées zones sèches, résultant de nombreux facteurs, dont les activités humaines et les variations climatiques. L'étendue et l'intensité de la désertification ont

augmenté dans certaines zones sèches au cours des dernières décennies.
(IPCC SRCCL, p. 50)

Les zones sèches couvrent près de la moitié des terres émergées de la planète et abritent 3 milliards de personnes. La définition de zone sèche est très large, couvrant un éventail allant du désert d'Atacama au Chili, parfois appelé l'endroit le plus sec de la planète,[2] à une ville comme Dallas, au Texas. Les zones sèches sont définies par un indice d'aridité (IA) – le rapport entre la quantité de précipitations qu'une zone reçoit annuellement et l'évapotranspiration potentielle (la quantité d'eau que la zone pourrait renvoyer dans l'atmosphère s'il n'y avait pas de limites d'approvisionnement). Les zones sèches sont des terres dont l'indice d'humidité est inférieur à 0,65, ce qui signifie qu'elles retiennent deux tiers ou moins des précipitations.[3]

Selon les prévisions, les terres sèches devraient augmenter de 11 à 23 % d'ici 2100 par rapport à 1961-1990, en fonction du succès des efforts de réduction des émissions. Cela signifie que les zones sèches pourraient représenter 50 à 56 % de la surface émergée de la Terre d'ici la fin du siècle, contre environ 38 % aujourd'hui.[4]

Jusqu'au milieu du XXe siècle, la désertification était presque entièrement attribuée à l'activité humaine, mais aujourd'hui le consensus favorise une approche mettant en évidence les interactions entre les facteurs humains et écologiques.[5] L'archéologue David Wright a appliqué une approche systémique pour suggérer comment le désert du Sahara a été créé.[6] Wright va au-delà des systèmes sociaux et environnementaux pour inclure le système solaire. Des périodes d'humidité et d'aridité se sont succédées tout au long de l'histoire de la région, en raison des oscillations de l'axe terrestre qui modifient la quantité de rayonnement solaire que reçoit la région. Les fluctuations du rayonnement influencent les précipitations, et pendant les périodes dites humides africaines, l'Afrique du Nord a reçu suffisamment de pluie pour alimenter les lacs, les rivières, les prairies et les forêts. Mais après la dernière période humide, il y a environ 8 000 ans, la transition vers des terres arides s'est produite beaucoup plus rapidement que ce que l'on aurait pu prévoir au vu des épisodes précédents.

Le passage au désert se serait produit de toute façon, mais il est possible que les régions où l'agriculture commençait à être adoptée en Afrique du Nord étaient sur le point de connaître un changement de régime écologique. Il est possible que le développement du pastoralisme ait pu accélérer le processus, les chèvres et d'autres animaux consommant la végétation, réduisant ainsi la quantité d'humidité atmosphérique qui contribue à la formation des nuages et augmentant l'albédo. Le Sahara continue de s'étendre et, comme nous l'avons noté dans le premier chapitre, il est aujourd'hui environ 10 % plus grand qu'en 1920, l'activité humaine en étant une cause importante.[7] Malgré les apports naturels aux fluctuations climatiques, le GIEC conclut que : « Il est sans équivoque que l'influence humaine a réchauffé l'atmosphère, l'océan et les terres ».[8]

L'attribution de la désertification à la variabilité et aux changements climatiques, ainsi qu'aux activités humaines, varie dans l'espace et dans le temps. (p. 50)

Il est également possible que le pastoralisme et d'autres formes d'agriculture aient été une réponse des populations qui étaient des chasseurs-cueilleurs aux conditions climatiques changeantes qui ont réduit leurs sources traditionnelles de nourriture. Un facteur donné peut avoir des impacts différents selon les endroits, en fonction de la fréquence à laquelle il se produit et de sa durée. La grande variabilité naturelle du climat dans les zones arides est une cause majeure de changement de la végétation mais n'implique pas nécessairement une dégradation. Une seule sécheresse, par exemple, peut nuire à la productivité des terres, mais comme le montre le redressement après le Dust Bowl, la productivité peut être restaurée et il n'y a pas forcément de dégradation durable. Si les sécheresses deviennent plus fréquentes et plus graves, la dégradation peut suivre.

Les principaux facteurs humains de désertification qui interagissent avec le changement climatique sont l'expansion des terres cultivées, les pratiques de gestion des terres non durables et la pression accrue sur les terres due à la croissance de la population et des revenus.

L'Asie compte le plus grand nombre de personnes touchées par la désertification. On observe une expansion des déserts en Chine, en Inde, en Iran, en Mongolie et au Pakistan, l'empiètement des dunes de sable en Syrie, l'érosion des pentes montagneuses au Népal, la déforestation au Laos et le surpâturage en Asie centrale.[9] En termes de proportion de terres touchées, l'Afrique est la plus mal lotie, les deux tiers du continent étant classés comme déserts ou zones sèches, et près des trois quarts des terres étant estimées dégradées. Les sécheresses fréquentes ont été particulièrement graves ces dernières années dans la Corne de l'Afrique et au Sahel. Lorsque l'on pense à l'Amérique latine et aux Caraïbes, les forêts tropicales humides viennent à l'esprit, mais un quart de la région est en fait constitué de déserts et de zones arides, la désertification et la dégradation des ressources naturelles en affectant gravement presque tous les pays.

L'Europe est également touchée. Dans les zones d'Europe méridionale, centrale et orientale pour lesquelles des données étaient disponibles, l'Union européenne indique que « 8 % du territoire, correspondant à environ 14 millions d'hectares, présentaient une sensibilité "très élevée" et "élevée" à la désertification. Ce chiffre s'élève à plus de 40 millions d'hectares si les sensibilités "modérées" sont également comptabilisées ».[10]

La désertification a déjà réduit la productivité agricole et provoqué des pertes de revenus de 42 milliards de dollars par an.[11] Dans de nombreuses zones arides, la propagation de plantes envahissantes a entraîné des pertes de services écosystémiques, tandis que les nappes phréatiques s'épuisent en raison d'une extraction excessive. La gestion non durable des terres, en particulier lorsqu'elle est associée à des sécheresses, a contribué à l'augmentation de l'activité des tempêtes de poussière, réduisant ainsi le bien-être humain dans les zones arides et au-delà. L'intensité accrue des tempêtes de sable et les mouvements des dunes perturbent et endommagent les infrastructures de transport et d'énergie solaire et éolienne.

La santé humaine a également un prix. Le GIEC estime que les tempêtes de poussière ont été associées à une mortalité cardio-pulmonaire mondiale d'environ 402 000 personnes en 2005. Outre les maladies respiratoires, l'Organisation mondiale de la santé attribue à la désertification des risques accrus de malnutrition en raison de la réduction de l'approvisionnement en nourriture et en eau. L'augmentation des maladies d'origine hydrique et alimentaire résulte d'une mauvaise hygiène et d'un manque d'eau propre, et de la propagation de maladies infectieuses lors des migrations de populations.

Les risques de désertification devraient augmenter en raison du changement climatique. (p. 50)

Les Nations unies proposent un ensemble de scénarios, appelés « Trajectoires socio-économiques partagées » (Shared Socioeconomic Pathways, SSP) pour décrire différentes trajectoires possibles en ce qui concerne l'atténuation et l'adaptation au changement climatique.[12] Les SSP reposent sur cinq récits décrivant différents types de développement socio-économique, notamment le développement durable (SSP1), la rivalité régionale (SSP3), l'inégalité (SSP4) et le développement fondé sur les combustibles fossiles (SSP5). La SSP2 est la voie de référence ou voie médiane, dans laquelle les tendances sociales, économiques et technologiques mondiales ne s'écartent pas sensiblement des modèles historiques.

La désertification exacerbe le changement climatique par plusieurs mécanismes tels que les modifications de la couverture végétale, l'augmentation de la poussière et du sable dans l'air, et les flux de gaz à effet de serre.

Même un changement apparemment minime dans un paramètre majeur peut avoir des conséquences dramatiques. Par exemple, l'exposition mondiale aux multiples risques associés au réchauffement est multipliée par deux si la température moyenne mondiale augmente de 2°C au lieu de 1,5°C,[13] et double à nouveau avec une augmentation de 3°C de la température moyenne mondiale par rapport à 2°C.

Pour les populations vulnérables à la pauvreté, l'exposition est d'un ordre de grandeur supérieur dans les scénarios de pauvreté et d'inégalité élevées par rapport au développement socio-économique durable. Les régions d'Asie et d'Afrique comptent entre 91 % et 98 % de la population exposée et vulnérable, dont la moitié environ vit en Asie du Sud. Dans les scénarios de réchauffement plus élevé, les régions africaines ont une proportion croissante de la population exposée et vulnérable. Les chiffres vont de de 7 % à 17 % de la population pour un réchauffement de 1,5°C ; ils s'élèvent à une fourchette de 14 % à 30 % pour un scénario à +2°C, pour aller jusqu'à 27 % à 51 % de la population africaine totale dans un scénario à + 3°C.

La désertification et le changement climatique, individuellement et en combinaison, réduiront la fourniture de services aux écosystèmes des zones sèches et diminueront la santé des écosystèmes, y compris les pertes de biodiversité. (p. 50)

La désertification était l'un des thèmes étudiés par l'« Évaluation des écosystèmes pour le millénaire »,[14] un grand rapport commandé par les Nations unies au début du XXIe siècle. L'évaluation identifie quatre catégories de services fournis.

Les services d'approvisionnement couvrent les biens produits ou fournis par les écosystèmes, notamment les aliments, les fibres, le fourrage, le bois de chauffage, les produits biochimiques et l'eau douce.

Les services de régulation sont définis comme les avantages obtenus par la régulation des processus des écosystèmes, tels que la purification et la régulation de l'eau, la pollinisation et la dispersion des graines, et la régulation du climat – localement par le couvert végétal et globalement par la séquestration du carbone. Les zones sèches stockent un tiers du carbone du sol dans le monde.[15] Ce carbone est stocké de manière plus durable que celui stocké par les zones humides, qui ont tendance à avoir une plus grande activité microbienne dans leur sol, ce qui réduit la permanence.[16]

Les services culturels sont des avantages non matériels tirés des écosystèmes, par exemple les loisirs et le tourisme, l'identité et la diversité culturelles, les paysages et leur valeur patrimoniale, les connaissances autochtones, les bénéfices d'ordre spirituel ou esthétique, et plus généralement l'inspiration qu'ils suscitent.

Les services de soutien maintiennent les conditions nécessaires à la vie sur Terre, par exemple le développement des sols, la production primaire et le cycle des nutriments.

Les zones sèches sont une source majeure de biodiversité, les prairies sèches (savanes, steppes, toundra, *et cetera*) fournissant environ un tiers de la biodiversité terrestre, dont la plupart est souterraine. Jusqu'à 2 milliards de personnes vivant dans les zones sèches dépendent des services écosystémiques fournis par ces prairies. Le changement climatique exacerbera la vulnérabilité des populations des zones sèches à la désertification. La combinaison des pressions exercées par le changement climatique et la désertification réduira les possibilités de diminuer la pauvreté, de renforcer la sécurité alimentaire et nutritionnelle, d'autonomiser les femmes, d'améliorer la santé, l'accès à l'eau et à l'assainissement.

> *Des solutions technologiques spécifiques aux sites et aux régions, basées à la fois sur les nouvelles innovations scientifiques et sur les connaissances indigènes et locales, sont disponibles pour éviter, réduire et inverser la désertification, tout en contribuant à l'atténuation et à l'adaptation au changement climatique.* (p. 51)

Deux des projets les plus ambitieux de lutte contre la désertification consistent à planter des « murs verts » d'arbres pour arrêter l'avancée des déserts. L'idée a été proposée pour la première fois par l'explorateur et environnementaliste britannique Richard St. Barbe Baker à la suite d'un long voyage au Sahara dans les années 1950, lorsqu'il a appelé à la création d'un

« front vert » de 48 km de large impliquant vingt-quatre nations africaines. En 2007, l'Union africaine a approuvé l'initiative « Grande Muraille Verte du Sahara et du Sahel » (GGWSSI). L'Union africaine décrit la Grande Muraille Verte comme « une ambition épique de faire pousser une merveille naturelle du monde de 8 000 km sur toute la largeur de l'Afrique », qui, une fois achevée en 2030, « sera la plus grande structure vivante de la planète, trois fois plus grande que la Grande Barrière de Corail ». Bien que le mur n'ait couvert que 4 % de la superficie prévue en septembre 2020, 350 000 emplois ont été créés et environ 90 millions de dollars de revenus ont été générés entre 2007 et 2018 grâce aux activités liées au mur. Plus de 220 000 personnes ont reçu une formation sur la production durable de produits agro-pastoraux et non ligneux afin de soutenir le passage à une consommation et une production plus responsable. La zone restaurée séquestrera plus de 300 $MtCO_2$ d'ici 2030, soit environ 30 % de l'objectif envisagé.[17]

La grande muraille verte de Chine a débuté en 1978 et devrait être achevée vers 2050, date à laquelle elle mesurera 4 500 kilomètres de long. Selon l'Académie chinoise des sciences, près de 8 millions d'hectares d'arbres brise-vent ont été plantés ; 336 200 kilomètres carrés de terres désertifiées ont été réparés, et plus de 10 millions d'hectares de prairies désertifiées ont été protégés et restaurés. La couverture en herbe et en forêt du plateau de Loess, principal objectif du programme, a été portée à 59,06 %. En outre, 400 millions de tonnes de limon déversées dans le fleuve Jaune ont été réduites chaque année.[18] Malgré ces affirmations, le programme, comme celui de l'Afrique, a été critiqué pour certains des choix effectués et pour les conséquences involontaires de certaines décisions. La plantation d'arbres dans les régions arides peut aggraver les problèmes d'eau si les arbres sélectionnés absorbent les eaux souterraines. En outre, la monoculture d'arbres à croissance rapide réduit la biodiversité et est moins résistante aux maladies. Elle semble également moins efficace pour absorber le carbone que des zones boisées plus diversifiées.[19]

Les projets de grande échelle peuvent être une partie de la réponse, mais ils ne sont pas la seule réponse, ni nécessairement la meilleure ou la plus rentable, en particulier s'ils manquent de flexibilité pour évoluer avec les connaissances ou les conditions. La gestion durable des terres peut contribuer à éviter, à réduire ou à inverser la désertification, ainsi qu'à atténuer le changement climatique et à s'y adapter. Les pratiques de gestion durable des terres comprennent :

- la réduction du travail du sol et le maintien des résidus végétaux pour garder les sols couverts ;
- la plantation d'arbres sur les terres dégradées ;
- la culture d'une plus grande variété de plantes ;
- l'application de méthodes d'irrigation efficaces telles que l'irrigation au goutte-à-goutte ;
- des méthodes de conservation de l'humidité telles que la collecte des eaux de pluie en utilisant des pratiques indigènes et locales ;
- l'amélioration du pâturage des prairies sèches par le bétail.

La mise en œuvre de politiques de neutralité en matière de dégradation des terres permet aux populations d'éviter, de réduire et d'inverser la désertification, contribuant ainsi à l'adaptation au changement climatique avec des co-bénéfices d'atténuation. (p. 52)

Il est préférable de prévenir la désertification que de laisser les terres se dégrader pour ensuite tenter de les restaurer. C'est pourquoi l'accent est mis de plus en plus sur la prévention et la réduction de la dégradation des terres, conformément au « Cadre de neutralité de la dégradation des terres » (Land Degradation Neutrality) lancé par la Convention des Nations unies pour combattre la désertification lancée en 2015 et signée par 120 pays. Celle-ci vise à mettre un terme à la perte continue de terres saines par la dégradation. Elle définit la neutralité en matière de dégradation des terres comme « un état dans lequel la quantité et la qualité des ressources en terres nécessaires au soutien des fonctions et services des écosystèmes et à l'amélioration de la sécurité alimentaire restent stables ou augmentent à des échelles temporelles et spatiales et dans des écosystèmes donnés ».[20]

L'Afrique du Sud, par exemple, a signé la convention et entend atteindre la neutralité en matière de dégradation des terres d'ici 2030. Dans le cadre de ses efforts, le pays a réalisé une étude avec le Programme des Nations Unies pour l'Environnement (PNUE). L'objectif est d'examiner les arguments économiques en faveur d'interventions de gestion et de restauration des écosystèmes dans le bassin de la rivière Thukela sur la période 2021-2030, afin d'atteindre ou de dépasser la neutralité de la dégradation des terres par rapport à une base de référence de 2015.[21] Dans le bassin fluvial, l'agriculture, le surpâturage et la propagation de plantes exotiques envahissantes ont endommagé les fragiles savanes et prairies. Cela a entravé la capacité des terres à assurer des moyens de subsistance et à maintenir des services écosystémiques essentiels, tels que l'approvisionnement en eau et le piégeage du carbone. L'étude a révélé que pour chaque rand investi dans la restauration complète, le rendement est d'au moins 1,7 rand. Le chiffre réel est presque certainement plus élevé, car cette estimation ne tient compte que de certains services écosystémiques et n'inclut pas les effets multiplicateurs locaux de la création d'emplois, ni les valeurs esthétiques et culturelles intangibles associées à la restauration des paysages. L'estimation des avantages liés au carbone est également prudente et n'inclut pas les avantages de l'atténuation des émissions de carbone pour le bien public mondial, mais uniquement les avantages locaux.

Conclusion

La désertification est étudiée depuis des décennies et les différents facteurs de désertification ont été décrits, classés et sont généralement compris. Cependant, d'importantes lacunes dans les connaissances subsistent quant à l'étendue et à la gravité de la désertification à l'échelle mondiale, régionale et locale. Et malgré de nombreuses études, des indicateurs cohérents permettant d'attribuer la désertification à des causes climatiques et/ou humaines font toujours défaut en raison de lacunes méthodologiques.

Dans le prochain chapitre, nous nous pencherons sur la sécurité alimentaire, en examinant les risques et les opportunités que le changement climatique présente pour les systèmes alimentaires, et en considérant comment l'atténuation et l'adaptation peuvent contribuer à la santé humaine et planétaire.

Notes

1. *The Germany and the Agricola of Tacitus. The Oxford Translation Revised, with Notes*, Project Gutenberg, https://www.gutenberg.org/files/7524/7524.txt

2. *The Driest place on Earth*, Astrobiology at NASA, https://astrobiology.nasa.gov/news/the-driest-place-on-earth/

3. *What are drylands?* FAO, Dryland Forestry, http://www.fao.org/dryland-forestry/background/what-are-drylands/en

4. Huang, J., Yu, H., Guan, X. et al. Accelerated dryland expansion under climate change. *Nature Clim Change* 6, 166–171 (2016). https://doi.org/10.1038/nclimate2837

5. 2007: "Global desertification: Building a science for Dryland Development", Reynolds, J.F. et al., *Science*, 316, 847–851, https://science.sciencemag.org/content/316/5826/847.full

6. "Humans as Agents in the Termination of the African Humid Period", David K. Wright, *Frontiers in Earth Science*, Vol. 5, 2017, https://doi.org/10.3389/feart.2017.00004

7. Thomas, Natalie, and Nigam, Sumant. "Twentieth-Century Climate Change over Africa: Seasonal Hydroclimate Trends and Sahara Desert Expansion". *Journal of Climate* 31 (9). United States: American Meteorological Society.
https://doi.org/10.1175/JCLI-D-17-0187.1.
https://par.nsf.gov/biblio/10055432.

8. *Climate change 2021: The physical science basis* IPCC, 2021,
https://www.ipcc.ch/report/ar6/wg1/downloads/report/IPCC_AR6_WGI_SPM_final.pdf

9. United Nations Convention to Combat Desertification (UNCDC)
https://www.unccd.int/convention/regions

10. *Desertification in the EU: Background paper*, European Court of Auditors, June 2018,
https://www.eca.europa.eu/Lists/ECADocuments/bp_desertification/bp_desertification_en.pdf

11. UN Decade for deserts and the fight against desertification 201-2020,
https://www.un.org/en/events/desertification_decade/whynow.shtml

12. *Shared Socioeconomic Pathways*, United Nations Economic Commission for Europe (UNECE),
https://unece.org/fileadmin/DAM/energy/se/pdfs/CSE/PATHWAYS/2019/ws_Consult_14_15.May.2019/supp_doc/SSP2_Overview.pdf

13. "Global exposure and vulnerability to multi-sector development and climate change hotspots", Edward Byers et al., *Environ. Res. Lett.*, 13, May 2018,
https://iopscience.iop.org/article/10.1088/1748-9326/aabf45/meta#artAbst

14. *Ecosystems and Human Well-being: Desertification Synthesis*, Millennium Ecosystem Assessment Report, WRI, 2005
http://www.millenniumassessment.org/documents/document.355.aspx.pdf

15. *Dryland ecosystems*, IUCN,
https://www.iucn.org/commissions/commission-ecosystem-management/our-work/cems-specialist-groups/dryland-ecosystems

16. *The practicality of permanence in the soil carbon market*, Real Agriculture, 25 March 2021,
https://www.realagriculture.com/2021/03/the-practicality-of-permanence-in-the-soil-carbon-market/?__cf_chl_jschl_tk__=pmd_7MPtXJSb9gyx.zFwlBzdV.4KmZG3Lo8taQqMiv8Zk9M-1631530284-0-gqNtZGzNAmWjcnBszQjl

17. *The Great Green Wall: Implementation Status and Way Ahead to 2030*, UN Convention to Combat Desertification, 2020,
https://www.unccd.int/publications/great-green-wall-implementation-status-and-way-ahead-2030

18. "China's Three-North Shelterbelt Forest Program brings forest coverage to 13.57 pct", *Xinhua*, 30 November 2018,
http://www.xinhuanet.com/english/2018-11/30/c_137642405.htm

19. "How China's Growing Deserts Are Choking The Country", Daniel Rechtschaffen, *Forbes*, 18 September 2017,
https://www.forbes.com/sites/danielrechtschaffen/2017/09/18/how-chinas-growing-deserts-are-choking-the-country/?sh=2f7eb075d1b9

20. Guide to the scientific conceptual framework for land degradation neutrality | Knowledge Hub (unccd.int)

21. *The potential costs and benefits of addressing land degradation in the Thukela catchment, KwaZulu-Natal South Africa*, J.K. Turpie et al., NCAVES project report, 2021,
https://seea.un.org/content/knowledge-base

Chapitre Quatre
La sécurité alimentaire

Depuis que l'économiste et prêtre anglais Thomas Malthus a publié ses célèbres essais sur la démographie en 1798, on prédit que le monde sera confronté à une famine de masse. Comme l'a dit Malthus lui-même dans son *Essai sur le principe de population* : « La puissance de la population est tellement supérieure à la puissance de la terre à produire de la subsistance pour l'homme, que la mort prématurée doit, sous une forme ou une autre, visiter la race humaine. »[1] Et pourtant, cela ne s'est pas produit. La population du Royaume-Uni, par exemple, a doublé entre 1750 et 1800 (année où Malthus a publié *The present high price of provisions*[2]), et a triplé au cours du siècle suivant. Cette poussée démographique n'a pu se produire sans l'interaction d'un certain nombre d'éléments. L'expression « révolution agricole » suggère un renversement soudain des anciens systèmes. Mais même en Grande-Bretagne, les premiers changements apportés aux techniques et aux pratiques agricoles, comme le fait de clôturer des terres collectives et l'introduction de la rotation des cultures, se sont étalés sur plusieurs siècles. Ce qui a accéléré le rythme du changement, c'est l'interaction avec la révolution industrielle. L'amélioration des communications ainsi que des techniques de stockage et de conservation a permis aux producteurs de desservir des marchés éloignés de chez eux. Un système financier performant a fourni des capitaux. Et une boucle de rétroaction a été créée, par laquelle l'amélioration de l'approvisionnement alimentaire a permis de soutenir une population plus nombreuse qui, à son tour, a fourni de la main-d'œuvre aux industries émergentes et des marchés aux agriculteurs.

De même, lorsque nous examinons les perspectives de la production et de la consommation alimentaires aujourd'hui, nous devons avoir une vision globale. Cela signifie qu'il faut accorder une attention particulière au changement climatique et à la façon dont il est susceptible d'interagir avec d'autres facteurs qui influencent la sécurité alimentaire, ainsi qu'à la façon dont des chocs graves comme la pandémie de Covid-19 peuvent influencer à la fois la production alimentaire et la capacité des gens à acheter de la nourriture.

L'insécurité alimentaire modérée ou grave au niveau mondial est passée de 22,6 % en 2014 à 26,6 % en 2019, et même avant la Covid-19, le coût élevé des aliments avait déjà privé 3 milliards de personnes d'un régime alimentaire sain dans toutes les régions du monde. En raison de la pandémie, l'insécurité alimentaire a augmenté presque autant en 2020 qu'au cours des cinq années précédentes réunies, pour atteindre 30,4 % selon le rapport 2021 sur l'état de la sécurité alimentaire et de la nutrition dans le monde.[3]

Ainsi, près d'une personne sur trois dans le monde n'avait pas accès à une alimentation adéquate en 2020 – soit une augmentation de 320 millions de personnes en seulement un an, passant de 2,05 à 2,37 milliards. Environ 40 % de ces personnes – 11,9 % de la population mondiale, soit près de 928 millions – étaient confrontées à une insécurité alimentaire grave.[4] En Amérique du Nord et en Europe, où l'on trouve les taux d'insécurité alimentaire les plus bas, la prévalence de l'insécurité alimentaire a augmenté pour la première fois depuis le début de la collecte des données de l'échelle de mesure de l'insécurité alimentaire vécue (Food Insecurity Experience Scale, FIES) en 2014.

La croissance rapide de la productivité agricole depuis les années 1960 a sous-tendu le développement du système alimentaire mondial actuel, qui est à la fois un moteur important du changement climatique et de plus en plus vulnérable à celui-ci (du fait des activités de production, de transport et de commercialisation). (IPCC SRCCL, p. 441)

La population mondiale a plus que doublé depuis 1960, où elle était d'environ 3 milliards d'habitants, contre plus de 7,5 milliards aujourd'hui. La quantité de nourriture disponible par personne a également plus que doublé. Depuis 1961, l'offre alimentaire par habitant a augmenté de plus de 30 %, ce qui s'est accompagné d'une utilisation accrue des engrais azotés (augmentation d'environ 800 %) et des ressources en eau pour l'irrigation (augmentation de plus de 100 %). Le système alimentaire est soumis à la pression de facteurs de stress non climatiques tels que les conflits, la croissance de la population et des revenus, la demande de produits d'origine animale, ainsi qu'au changement climatique. Ces facteurs de stress ont un impact sur les quatre piliers de la sécurité alimentaire : disponibilité, accès, utilisation et stabilité.

Le changement climatique observé affecte déjà la sécurité alimentaire par l'augmentation des températures, la modification du régime des précipitations et la fréquence accrue de certains événements extrêmes.
(p. 56)

Le changement climatique pose des défis à une échelle différente de celle des variations qui peuvent affecter les cultures et le bétail au cours d'une saison, voire d'une année ou deux. Les changements climatiques à venir pourraient avoir des répercussions importantes sur l'utilisation des terres, la production de produits de base et les endroits où différentes activités sont viables.[5] Le rapport sur l'état de la sécurité alimentaire indique que le nombre de pays à revenu faible ou intermédiaire exposés aux extrêmes climatiques est passé de 76 % des pays en 2000-2004 à 98 % en 2015-2020. L'exposition des pays aux extrêmes climatiques s'est considérablement accrue en termes de fréquence, c'est-à-dire le nombre d'années où un pays est exposé, passant de 30 % en 2000-2004 à 72 % en 2015-2019. En termes d'intensité, 52 % des pays ont été exposés à trois ou quatre types d'extrêmes climatiques (vague de chaleur, sécheresse, inondation ou tempête) en 2015-2020, contre 11 % en 2000-2004. En d'autres termes, ce nombre a été multiplié par près de cinq sur la période 2000-2020.

Une note d'information préparée pour le Sommet des Nations unies sur les systèmes alimentaires de septembre 2021[6] décrit comment les variations climatiques critiques affectent déjà la sécurité alimentaire et nutritionnelle.[7] Les phénomènes météorologiques extrêmes tels que les vagues de chaleur, les sécheresses et les inondations ont un impact sur la productivité des cultures, du bétail et des pêches. Ils impactent la disponibilité et la qualité de l'eau en provoquant un stress thermique et en modifiant l'environnement des parasites et des maladies, notamment en accélérant la propagation des mycotoxines et des agents pathogènes. La fréquence et l'intensité accrues des inondations et des sécheresses peuvent entraîner des pertes de récoltes et des dommages aux infrastructures. L'exposition des personnes aux vagues de chaleur, aux sécheresses et aux inondations peut nuire à leur santé et réduire leur productivité, affectant ainsi leurs moyens de subsistance et leurs revenus, en particulier pour celles qui travaillent dans des secteurs sensibles au climat ou à l'extérieur. Cette exposition peut fortement affecter les groupes les plus vulnérables dans de nombreux pays à faible revenu, tels que les petits exploitants agricoles, les ménages à bas salaire, les femmes et les enfants.

Le GIEC cite des recherches qui ont révélé que les rendements moyens mondiaux étaient inférieurs avec le climat actuel, par rapport à ce qu'ils auraient été si le climat était resté tel qu'il était à l'ère préindustrielle.[8] Les chiffres sont respectivement de 4,1 % pour le maïs, de 1,8 % pour le blé et de 4,5 % pour le soja. Pour le riz, aucun impact significatif n'a été détecté, mais cette étude suggère que le changement climatique a modulé les rendements récents à l'échelle mondiale et entraîné des pertes de production. Elle suggère également que les adaptations réalisées à ce jour n'ont pas été suffisantes pour compenser les effets négatifs du changement climatique, en particulier aux basses latitudes.

Une étude menée en Inde a montré ce que la vulnérabilité climatique signifie concrètement en termes de sécurité alimentaire.[9] Les chercheurs ont examiné comment la vulnérabilité d'un district au climat peut affecter la nutrition des enfants. Leur analyse montre que la probabilité qu'un enfant souffre d'un retard de croissance augmente de 32 %, d'émaciation de 42 %, d'insuffisance pondérale de 45 % et d'anémie de 63 % s'il appartient à un district classé comme très vulnérable par rapport à ceux classés comme très peu vulnérables.

La sécurité alimentaire sera de plus en plus affectée par le changement climatique à venir dans les projections. (p. 56)

Trois des trajectoires socio-économiques partagées (SSP) mentionnées dans le chapitre précédent ont été utilisées pour évaluer les tendances futures en matière de disponibilité, d'accès, d'utilisation et de stabilité des aliments : le développement durable (SSP1), la rivalité régionale (SSP3) et le SSP2, où les tendances sociales, économiques et technologiques mondiales ne s'écartent pas sensiblement des modèles historiques. Les modèles économiques et agricoles mondiaux prévoient une augmentation du prix des céréales de 1 à 29 % en 2050 en raison du changement climatique, ce qui aurait des répercussions sur les consommateurs du monde entier en raison de la hausse des prix des aliments ; les effets régionaux varieront. Les consommateurs à faible revenu sont particulièrement menacés, les modèles prévoyant une augmentation de 1 à 183 millions de personnes supplémentaires menacées par la faim par rapport à un scénario sans changement climatique. L'augmentation du CO_2 devrait être bénéfique pour la productivité des cultures dans un scénario de faible augmentation de la température, mais elle est accompagnée d'une qualité nutritionnelle moindre, avec moins de protéines, de zinc et de fer.

À travers l'Histoire, la principale cause d'insécurité alimentaire n'est pas la disponibilité mais l'accès. La production alimentaire mondiale a augmenté plus rapidement que la population au cours du dernier demi-siècle, et l'Union européenne et les États-Unis ont même dû mettre en place des politiques pour se débarrasser de « montagnes » de nourriture et de « lacs » de boissons. L'accès est une autre question : si les gens ont faim, c'est généralement parce qu'ils n'ont pas les moyens d'acheter de la nourriture, et non parce qu'il n'y a pas de nourriture à acheter. Ce problème ne concerne pas uniquement les pays en développement. La prévalence de l'insuffisance alimentaire (faible et très faible suffisance alimentaire) chez les adultes américains est passée de 9,5 % au 23 avril 2020 à 13,4 % au 21 décembre 2020, avant de redescendre à 8,0 % au 26 avril 2021. Au cours de cette période, la proportion de personnes souffrant d'une très faible suffisance alimentaire est passée de 2,1 % à 3,4 %, avant de diminuer à 1,9 % des adultes américains au 26 avril 2021. Jusqu'à 30,5 % des ménages noirs ont déclaré que leurs enfants n'avaient parfois ou souvent pas assez à manger au cours de la semaine écoulée au 7 décembre 2020, contre 10,1 % des ménages blancs non hispaniques cette même semaine.

Les modèles utilisés avec les SSP prévoient tous une augmentation des prix des denrées alimentaires d'ici 2050 en raison du changement climatique, mais l'augmentation varie fortement en fonction des valeurs des différents facteurs socio-économiques pris en compte, allant de 1 à 29 % pour les céréales par exemple. La hausse des prix fait baisser la demande des consommateurs, ce qui non seulement réduira l'apport énergétique (calories) à l'échelle mondiale, mais entraînera aussi probablement des régimes alimentaires moins sains, avec une moindre disponibilité des micronutriments clés et une augmentation de la mortalité liée à l'alimentation dans les pays à revenu faible et intermédiaire.

Un troisième aspect étudié, l'utilisation des aliments, concerne la composition en nutriments des aliments, leur préparation et l'état de santé général. La sécurité et la qualité des aliments ont une incidence sur leur utilisation. Le changement climatique peut modifier la dynamique et la propagation des organismes contaminants en raison, par exemple, de l'évolution des températures et des régimes de précipitations, de l'humidité, de la fréquence et de l'intensité accrues des phénomènes météorologiques extrêmes. Les changements dans les systèmes alimentaires et agricoles, tels que l'intensification pour maintenir l'approvisionnement dans le cadre du changement climatique, peuvent également accroître les vulnérabilités à mesure que le climat change.

> *Les activités agricoles au sein de l'exploitation et les dynamiques d'utilisation des terres associées sont responsables d'environ […] 20 % des émissions anthropiques totales.* (p. 476) *Sans intervention, ces émissions devraient augmenter de 30 à 40 % d'ici à 2050, en raison de l'augmentation de la demande liée à la croissance de la population et des revenus et à l'évolution des régimes alimentaires.* (p. 58)

Les émissions des systèmes alimentaires comprennent également celles qui se produisent au-delà de l'exploitation agricole, comme celles qui se produisent en amont par la fabrication des engrais, ou en aval, dans la transformation des aliments, le transport et la vente au détail, et la consommation alimentaire. Si le chiffrage précis de leur contribution est très incertain en raison du manque d'études suffisantes, les estimations des émissions totales de gaz à effet de serre attribuables au système alimentaire varient d'environ 21 à 37 %. Il est clair que le système alimentaire est un contributeur majeur aux émissions de gaz à effet de serre, mais de nombreuses pratiques peuvent être optimisées et déployées pour le faire progresser dans son ensemble.

Des conditions favorables doivent être créées par le biais des politiques, des marchés, des institutions et de la gouvernance, un thème abordé dans l'étude intitulée « Renforcer les contributions déterminées au niveau national pour les systèmes alimentaires » réalisée conjointement par le Programme des Nations unies pour l'environnement (PNUE), le WWF, EAT et Climate Focus.[10] Ces contributions déterminées au niveau national (NDC) sont au cœur de l'accord de Paris de 2015 sur le changement climatique, chaque pays décrivant et communiquant ses actions climatiques post-2020.[11] Le rapport souligne que « si de nombreux pays mentionnent le secteur de l'agriculture dans leurs contributions, très peu d'entre eux fixent des objectifs en rapport avec d'autres éléments du système alimentaire, telles que la réduction des pertes et déchets, les régimes alimentaires durables ou la consommation… et aucun pays ne fait référence au gaspillage… seule une poignée de contributions fait référence à l'approche du système alimentaire. Elles restent pour la plupart axées sur la production et non sur les étapes ultérieures où se produisent d'importantes émissions dues aux pertes et déchets alimentaires, aux régimes alimentaires et à la consommation ».

Les recommandations du rapport font écho à certaines de celles du GIEC, qui affirme que les pratiques liées à l'offre peuvent contribuer à l'atténuation du changement climatique en réduisant les émissions des cultures et du bétail, en séquestrant le carbone dans les sols et la biomasse, et en diminuant l'intensité des émissions au sein de systèmes de production durables. Il est également admis que, du côté de la demande, la consommation de régimes alimentaires sains et durables offre des possibilités importantes de réduire les émissions de GES des systèmes alimentaires et d'améliorer les résultats en matière de santé. Parmi les exemples de régimes alimentaires sains et durables, citons les régimes riches en céréales autres que le blé et le riz, en légumineuses, en fruits et légumes, en noix et en graines, les régimes pauvres en aliments d'origine animale à forte intensité énergétique et en aliments transformés (tels que les boissons sucrées), ainsi que les régimes comportant un seuil de glucides.

Un changement de régime alimentaire pourrait contribuer à lutter contre le changement climatique, car les activités agricoles émettent des quantités importantes de gaz à effet de serre. Les activités de la chaîne d'approvisionnement alimentaire au-delà de la ferme émettent également des GES, par exemple en raison de l'énergie utilisée pour transporter les aliments ou les conserver au frais. Les émissions de GES liées à la production alimentaire varient selon les types d'aliments. La production d'aliments d'origine animale, comme la viande et les produits laitiers, émet davantage de GES que la culture, en particulier dans les systèmes d'élevage intensif et industriel. C'est principalement le cas des denrées produites par les ruminants, comme les bovins, en raison de leur processus de digestion qui sont de gros émetteurs de méthane. La modification des régimes alimentaires en faveur d'une part plus faible d'aliments d'origine animale réduit la nécessité d'élever du bétail et modifie la production végétale, qui passe de l'alimentation animale à l'alimentation humaine. Cela réduit les besoins en terres agricoles et entraîne donc des changements dans le système alimentaire. Du champ au consommateur, cela réduirait les émissions globales de GES.

Des mesures combinées du côté de l'offre et de la demande peuvent permettre la mise en œuvre de stratégies d'adaptation et d'atténuation à grande échelle basées sur les terres. Cela peut être fait sans menacer la sécurité alimentaire, diminuer la pression sur les terres destinées à la production alimentaire, et la hausse des prix des aliments. L'impact de ces mesures serait multiplié si elles étaient associées à des efforts visant à réduire les pertes et les déchets alimentaires. Les Nations unies ont créé une Journée internationale de sensibilisation à la réduction des pertes et gaspillages alimentaires pour montrer les multiples bénéfices de leur réduction.[12] Elles sont à elles seules responsables d'environ 7 % des émissions mondiales de gaz à effet de serre (GES) et près de 30 % des terres agricoles du monde sont actuellement occupées pour produire des aliments qui ne sont finalement jamais consommés. Près de 40 % de la consommation totale d'énergie dans le système alimentaire mondial est utilisée pour produire des aliments qui sont soit perdus soit gaspillés.

Aux États-Unis, selon le Natural Resources Defense Council, 40 % de la nourriture produite dans le pays est gaspillée, principalement parce qu'elle est jetée.[13] Outre le coût économique de plus de 2 000 dollars par ménage et par an, c'est aussi un problème pour le changement climatique. La plupart des aliments non consommés finissent dans les décharges, où les matières organiques représentent 16 % des émissions de méthane des États-Unis. L'Union européenne est la deuxième région la plus touchée. La Commission européenne estime que les déchets alimentaires par personne produisent une empreinte carbone approximativement égale à un tiers de la consommation moyenne d'électricité d'un ménage.

Dans les pays en développement, en raison d'un climat plus chaud et d'un manque de technologie, d'expertise et d'infrastructures, on estime également que 40 % de la nourriture peut être perdue, la plupart de ces déchets étant des produits frais.[14] Les agriculteurs ne sont pas toujours en mesure d'isoler, refroidir ou réfrigérer les produits après la récolte, au cours du trajet entre la ferme et le consommateur, et les aliments peuvent se gâter. La modernisation des infrastructures est l'un des principaux points d'une étude de l'Institut international de recherche sur les politiques alimentaires (IFPRI). Les projections de l'IFPRI indiquent que, sans investissements supplémentaires, 78 millions de personnes supplémentaires souffriront de faim chronique en 2050 du fait du changement climatique, dont plus de la moitié en Afrique au sud du Sahara. L'IFPRI montre que pour compenser ces effets, il faudrait que les investissements annuels dans la recherche agricole internationale passent de 1,62 milliard à 2,77 milliards de dollars par an entre 2015 et 2050. Les investissements annuels supplémentaires estimés dans l'eau (12,7 milliards de dollars) et les infrastructures (10,8 milliards de dollars) sont plus élevés, mais ils comblent des lacunes essentielles pour soutenir la transformation vers la résilience du système alimentaire.

Une préoccupation particulière en ce qui concerne l'avenir de la sécurité alimentaire est la possibilité que les impacts des extrêmes climatiques croissants sur la production alimentaire contribuent à des événements complexes multifactoriels tels que les flambées des prix alimentaires. (p. 514)

Dans une approche traditionnelle de la sécurité alimentaire, le marché établit un lien harmonieux entre l'offre et la demande par le biais des prix. Ce système est généralement en équilibre jusqu'à ce qu'il subisse un choc, et l'objectif est alors de revenir à la normale aussi vite que possible. Ce serait le cas si le système alimentaire pouvait être considéré comme autonome… mais la pandémie de Covid nous a montré que les systèmes dont nous dépendons dans notre vie quotidienne sont des ensembles de sous-systèmes qui interagissent les uns avec les autres et se modifient mutuellement par cette interaction. Un choc subi par un système peut rapidement se propager, entraînant des défaillances en cascade, de la santé à l'économie et à la société par exemple.

Étant donné que les chocs provoqués par l'évolution des conditions météorologiques extrêmes risquent d'augmenter avec le changement climatique, la volatilité des marchés peut perturber l'approvisionnement alimentaire en provoquant des pics de prix. Ce risque est exacerbé par l'interconnexion du système alimentaire avec d'autres secteurs tels que l'eau, l'énergie et les transports, de sorte que l'impact des chocs peut se propager entre les secteurs et les zones géographiques. Il y a également moins de terres disponibles dans le monde que par le passé, de sorte qu'en cas de flambée des prix, il y a moins d'options pour mettre en place une nouvelle production.

La multiplication des phénomènes météorologiques extrêmes peut perturber la production et la logistique du transport. Par exemple, en 2016, une perte de rendement record en France a été attribuée à la conjonction d'une fin d'automne anormalement chaude et de précipitations anormalement élevées au printemps suivant. Dans la mesure où de tels chocs d'approvisionnement sont associés au changement climatique, ils pourraient devenir plus fréquents et contribuer à une plus grande instabilité des marchés agricoles à l'avenir. En outre, la répétition de conditions extrêmes déjà rencontrées par le passé auraient des répercussions beaucoup plus importantes dans un monde globalement plus chaud. Une étude simulant des conditions analogues à celles du « Dust Bowl » dans l'agriculture d'aujourd'hui suggère que les sécheresses de ce type auraient aujourd'hui des conséquences sans précédent. Les pertes de rendement seraient environ 50 % plus importantes que la grave sécheresse de 2012 aux États-Unis, où le rendement du maïs a diminué de 16 % par rapport à 2011 et de 25 % par rapport à 2009.[15] Les dommages causés par ces phénomènes extrêmes sont très sensibles à la température et s'aggravent d'environ 25 % pour chaque degré centigrade de réchauffement. D'ici à 2050, plus de 80 % des étés américains devraient avoir des températures moyennes susceptibles de dépasser l'été le plus chaud des années du « Dust Bowl ».

La principale façon dont un déficit de production ou une interruption des échanges génère un impact est d'affecter les marchés des produits agricoles. Les marchés peuvent réagir à de multiples facteurs, notamment les pressions exercées par d'autres secteurs ; un exemple est la politique en matière de biocarburants qui peut encourager les agriculteurs à se diriger vers la fabrication d'éthanol, comme cela s'est produit en 2007-2008. La réaction du marché peut être amplifiée par de mauvaises politiques, par exemple lorsque des pays cherchent à assurer leur sécurité alimentaire locale en dressant des barrières commerciales et non commerciales aux exportations. En outre, la perception d'un problème peut alimenter des achats de panique sur les marchés, ce qui entraîne une hausse des prix.

Ainsi, l'impact d'un événement climatique extrême sur les marchés comporte deux composantes : un rôle de déclencheur, et un élément de « perception du risque ». Par le biais des marchés de produits de base, les prix varient dans le monde entier, car presque tous les pays dépendent, dans une mesure plus ou moins grande, du commerce pour satisfaire leurs besoins locaux. Il est donc nécessaire de renforcer la résilience du commerce international autant que celle de l'approvisionnement local.

Conclusion

La sécurité alimentaire est influencée par un large éventail de facteurs interdépendants, et se concentrer sur un seul d'entre eux, comme la croissance démographique, risque d'induire en erreur sur la manière d'améliorer la situation actuelle ou de préparer l'avenir. **Le changement climatique et son interaction avec la Terre méritent toutefois une attention particulière, car l'environnement est le système dont dépendent finalement tous les autres.**

Dans le chapitre suivant, nous examinerons les liens entre la désertification, la dégradation des terres, la sécurité alimentaire et les flux de GES : synergies, compromis et options de réponse intégrées.

Notes

1. An Essay on the Principle of Population; or A View of its past and present Effects on Human Happiness; With an Inquiry into our Prospects respecting the future Removal or Mitigation of the Evils which it occasions, Thomas Malthus, London,
https://assets.cambridge.org/97805214/19543/frontmatter/9780521419543_frontmatter.pdf

2. An Investigation of the Cause of the Present High Price of Provisions. By the Author of the Essay on the Principle of Population, Thomas Malthus, London, J. Johnson, 1800,
https://en.wikisource.org/wiki/An_Investigation_of_the_Cause_of_the_Present_High_Price_of_Provisions

3. The State of Food Security and Nutrition in the World 2021. Transforming food systems for food security, improved nutrition and affordable healthy diets for all, FAO, IFAD, UNICEF, WFP and WHO, 2021, Rome, FAO,
https://doi.org/10.4060/cb4474en

4. The State of Food Security and Nutrition in the World 2021. Transforming food systems for food security, improved nutrition and affordable healthy diets for all, FAO, IFAD, UNICEF, WFP and WHO, 2021, Rome, FAO,
https://doi.org/10.4060/cb4474en

5. *Climate Change, Water and Agriculture: Towards Resilient Systems*, OECD, 2014, https://read.oecd-ilibrary.org/agriculture-and-food/climate-change-water-and-agriculture_9789264209138-en#page1

6. https://www.un.org/en/food-systems-summit

7. *Climate change and food systems*, Food Systems Summit Brief Prepared by Research Partners of the Scientific Group for the Food Systems Summit, May 2021

https://bonndoc.ulb.uni-bonn.de/xmlui/handle/20.500.11811/9206

8. 2018: “Crop production losses associated with anthropogenic climate change for 1981–2010 compared with preindustrial levels”. T. Iizumi, et al., *Int. J. Climatol.*, 38, 5405–5417,
https://doi.org/10.1002/joc.5818 .

9. “Vulnerability of agriculture to climate change increases the risk of child malnutrition: Evidence from a large-scale observational study in India”, Bidhubhusan Mahapatra et al., PLOS One, 2021,
https://www.ifpri.org/publication/vulnerability-agriculture-climate-change-increases-risk-child-malnutrition-evidence

10. *Enhancing Nationally Determined Contributions for Food Systems: Recommendations for Decision-makers*, Ingrid Schulte et al., WWF, 2020,
https://wedocs.unep.org/bitstream/handle/20.500.11822/33597/ndcf.pdf?sequence=1&isAllowed=y

11. *Nationally Determined Contributions*, UN Climate Change,
https://unfccc.int/process-and-meetings/the-paris-agreement/nationally-determined-contributions-ndcs/nationally-determined-contributions-ndcs

12. International Day of Awareness on Food Loss and Waste Reduction 29 September
https://www.un.org/en/observances/end-food-waste-day/background

13. *Wasted: How America is losing up to 40 percent of its food from farm to fork to landfill*, NRDC, 2017
https://www.nrdc.org/sites/default/files/wasted-2017-report.pdf

14. *Reducing food waste in developing countries*, University of Sheffield,
https://www.sheffield.ac.uk/sustainable-food/research/reducing-food-waste-developing-countries

15. 2016: “Simulating US agriculture in a modern Dust Bowl drought”, M. Glotter and J. Elliott, Nat. Plants, 3, 16193,
https://pubmed.ncbi.nlm.nih.gov/27941818/

Chapitre Cinq
Les liens entre le climat, les terres et la sécurité alimentaire

En mars 2010, le volcan Eyjafjallajökull en Islande est entré en éruption, et ce jusqu'en juin. L'une des conséquences a été qu'en avril, des milliers d'ouvriers horticoles ont perdu leur emploi au Kenya. Les nuages de cendres représentaient un danger pour le trafic aérien et les avions ont été cloués au sol, y compris les transporteurs de fret qui acheminaient les fleurs kenyanes vers les marchés européens, entraînant des pertes quotidiennes de 2 millions de dollars pour les floriculteurs.[1] Comme la pandémie de Covid, cette situation illustre comment, dans le monde interconnecté d'aujourd'hui, un choc subi par un système peut avoir des conséquences dramatiques sur d'autres systèmes qui, à première vue, ne semblent pas liés entre eux. Les liens mondiaux qui traversent les frontières aident le monde à s'enrichir, mais ils facilitent également la propagation des chocs entre les systèmes naturels et humains.

Une autre caractéristique des systèmes complexes dont nous dépendons est l'incertitude. Dans son cinquième rapport d'évaluation en 2014, le GIEC reconnaît l'existence de ces incertitudes, tout en disant que la meilleure réponse est de les comprendre et d'y faire face.[2] La question est de savoir comment. La gestion conventionnelle des risques tente d'empêcher le problème de se produire. Mais quelle que soit la taille de votre barrière anti-inondation, tôt ou tard, l'eau trouvera un moyen de la franchir, de la contourner ou de passer en dessous. Une nouvelle approche émerge donc de l'étude des systèmes complexes, fondée sur le renforcement de la résilience.

Une approche fondée sur la résilience accepte que tous les systèmes puissent tomber en panne. Cette approche se concentre sur la capacité d'un système à absorber un large éventail de chocs, à s'en remettre et à s'y adapter, afin d'aider les individus et les communautés à ne pas se contenter de faire face à l'adversité, mais à s'adapter au changement de manière positive et à tirer parti des opportunités qu'il offre.[3]

Une approche fondée sur la résilience se développe progressivement, au moins dans les discussions sur les défis environnementaux dans un certain nombre de pays, en Australie par exemple, à la suite d'incendies de forêt,[4] ou en Angleterre après de graves inondations.[5] Malheureusement, il faut généralement une catastrophe pour provoquer un changement. Mais partout, les gens constatent que la façon dont l'homme a modifié l'environnement a un impact sur leur vie quotidienne, et généralement pour le pire. Toutefois, comme l'a dit l'ambassadeur de Slovénie auprès de l'OCDE, « nous ne pouvons pas, ou plutôt nous ne devrions pas, élaborer des politiques sur la base d'anecdotes, aussi puissantes soient-elles ».[6]

Ce chapitre se concentre donc sur les liens entre les options d'atténuation et d'adaptation au climat, pour lutter contre la désertification et la dégradation des sols d'une part, et pour améliorer la sécurité alimentaire d'autre part. Le GIEC a identifié et évalué de manière exhaustive 40 options.[7] Dans ce qui suit, nous nous concentrerons sur les exemples concernant la gestion des terres.

> *L'applicabilité et l'efficacité des options de réponse dépendent de la région et du contexte où elles sont appliquées. Alors que de nombreuses options de chaîne de valeur et de gestion des risques sont potentiellement applicables à grande échelle, de nombreuses options de gestion des terres sont applicables sur moins de 50 % de la surface terrestre libre de glace.* (p. 61) *Les options basées sur la gestion des terres qui contribuent à atténuer le changement climatique [...] avec un potentiel d'atténuation modéré à important, et sans effets secondaires négatifs, comprennent les options qui diminuent la pression sur les surfaces de terre disponibles pour la production alimentaire.* (IPCC SRCCL, p. 646)

Parmi les autres options de cette catégorie figurent celles qui contribuent à maintenir ou à accroître les réserves de carbone, tant en surface (mesures forestières, agroforesterie, gestion des incendies, par exemple) que sous terre (augmentation de la matière organique du sol ou réduction des pertes, gestion des terres cultivées et des pâturages, gestion des terres urbaines, réduction de la déforestation et de la dégradation des forêts). Ces options présentent également des avantages connexes en améliorant la santé, en augmentant le rendement des cultures, en atténuant les inondations et en réduisant les effets des îlots de chaleur urbains (ICU).

La lutte contre les îlots de chaleur urbains en est un bon exemple. Notre impression que la chaleur est plus difficile à supporter en ville est étayée par des données. La différence de température entre les centres urbains et les zones rurales environnantes varie de 2 à 12°C.[8] L'effet d'îlot de chaleur peut exacerber les effets sur la santé en affectant le régime des pluies, en interagissant avec la pollution atmosphérique et en l'aggravant, en augmentant les risques d'inondation, en diminuant la qualité de l'eau, mais l'effet le plus direct sur la santé humaine est l'exposition à une température accrue.[9] La canicule européenne de 2003 a tué plus de 70 000 personnes, des villes comme Paris étant particulièrement touchées.[10] La consommation d'énergie est également impactée. Une étude menée à Phoenix, en Arizona, une zone métropolitaine semi-aride, a montré que la climatisation représentait environ 53 % de la demande moyenne d'électricité au cours d'une journée, allant d'un tiers environ le matin à deux tiers le soir.[11]

De nombreuses technologies sont mises en œuvre et étudiées pour lutter contre les îlots de chaleur, comme l'utilisation de surfaces réfléchissant la lumière du soleil, mais l'une des plus prometteuses, et qui présente de nombreux avantages connexes, consiste à planter de la végétation. L'infrastructure dite « verte » rafraîchit l'environnement urbain en fournissant de l'ombre et en favorisant l'évapotranspiration. Les recherches ont montré que « généralement, la verdure au sol réduit la température de surface maximale de 2 à 9°C, tandis que les toits et les murs verts réduisent la température de surface d'environ 17°C, tout en offrant une isolation thermique supplémentaire à l'enveloppe du bâtiment ».[12] Les auteurs précisent toutefois que le potentiel de refroidissement varie considérablement en fonction de l'échelle (ville ou bâtiment), de l'étendue de la verdure (forme et taille du parc), du choix des plantes et de leur emplacement.

Un autre groupe de pratiques a pour objectif de réduire les sources d'émission de gaz à effet de serre, comme la gestion du bétail ou la gestion de la fertilisation azotée. En Australie par exemple, les émissions directes du bétail représentent environ 70 % des émissions de gaz à effet de serre du secteur agricole et 11 % des émissions nationales totales de gaz à effet de serre. Cela fait du bétail australien la troisième plus grande source d'émissions de gaz à effet de serre après les secteurs de l'énergie et des transports.[13]

Le gouvernement décrit quatre approches principales pour atténuer les émissions de gaz à effet de serre du bétail : l'élevage (reproduction animale, compléments alimentaires, pâturages améliorés) ; les systèmes de gestion du pâturage et le contrôle biologique ; le nombre de têtes de bétail ; et la gestion du fumier. Il affirme que « les techniques visant à réduire les émissions de gaz à effet de serre du bétail peuvent également accroître la productivité et la résilience du bétail ». Par exemple, les mesures visant à modifier la digestion pour réduire les émissions peuvent également accroître la productivité des animaux en augmentant l'efficacité digestive. Mais les experts gouvernementaux mettent également en garde contre d'éventuels compromis. Par exemple, certaines méthodes visant à réduire les émissions du bétail par animal peuvent entraîner une augmentation de la consommation de matière sèche par animal ou donner à l'agriculteur l'occasion d'augmenter le cheptel, ce qui se traduit par une absence de changement net, voire une augmentation nette de la production de méthane.

Les options de gestion des terres permettant de s'adapter au changement climatique peuvent être structurelles (par exemple, systèmes d'irrigation et de drainage, lutte contre les inondations et les glissements de terrain), technologiques (par exemple, nouvelles variétés de cultures adaptées, modification des zones et des dates de plantation, utilisation des prévisions climatiques), ou socio-économiques et institutionnelles (par exemple, réglementation de l'utilisation des terres, associativité entre les agriculteurs). (p. 646)

Les stratégies les plus efficaces combineront des approches structurelles, technologiques, socio-économiques et institutionnelles pour aider les communautés à s'adapter plutôt qu'à simplement réagir au changement climatique. On s'attend à ce que l'Afrique subisse certains des impacts les plus graves du changement climatique. Les Nations unies mettent en garde contre le fait que « l'adoption d'approches réactives en matière de sécurité alimentaire et de rétablissement après une catastrophe coûte aux populations africaines des milliards de dollars en termes de perte de PIB, tout en privant les gouvernements de ressources qu'ils devraient consacrer à l'éducation, aux programmes sociaux, aux soins de santé, au développement des entreprises et à l'emploi ».[14]

L'ONU souligne l'importance de comprendre et de prendre en compte les caractéristiques des systèmes dans la politique de lutte contre le changement climatique. Les points de basculement sont particulièrement importants. Un système peut évoluer lentement et de manière prévisible sur une longue période, puis s'effondrer rapidement ou se reconfigurer de manière radicale. Les points de basculement peuvent être atteints en Afrique si l'augmentation moyenne de la température mondiale est supérieure à 2°C et que les communautés ne développent pas les capacités d'adaptation nécessaires à une résilience à long terme, provoquant une augmentation des éco-migrants, une hausse de l'insécurité alimentaire, des épidémies plus catastrophiques et une instabilité accrue dans la région. Le changement climatique multiplie tous les risques pour les populations, l'environnement et la stabilité de l'Afrique.

Si les premières initiatives d'adaptation au changement climatique présentent un bon potentiel en termes de viabilité économique, d'amélioration des moyens de subsistance et de réduction de la vulnérabilité en Afrique, la durabilité à long terme dépendra des niveaux de pauvreté existants, du contexte plus large des politiques et des réglementations, de l'accès aux marchés et aux services financiers, ainsi que de la capacité des gouvernements à fournir un soutien technique continu aux communautés. Malgré tout, le risque zéro est impossible, et il sera essentiel d'aider les communautés à supporter les coûts des pertes.

Certaines options d'adaptation (par exemple, les nouvelles zones de plantation, l'irrigation) peuvent avoir des effets secondaires négatifs sur la biodiversité et l'eau. (p. 646)

Les conséquences involontaires, positives ou négatives, sont une autre caractéristique des systèmes complexes. Il a été démontré, par exemple, que l'irrigation a un fort effet de refroidissement pendant les périodes de chaleur extrême dans les régions intensément irriguées d'Europe du Sud, d'Afrique du Nord, d'Asie du Sud et des États-Unis. L'irrigation réduit la probabilité de jours chauds dans les mêmes proportions que le réchauffement climatique augmente leur probabilité, ce qui entraîne peu ou pas de changement global à court terme.[15] La mer d'Aral est probablement l'exemple le plus tristement célèbre des conséquences négatives involontaires de l'irrigation.[16] Dans les années 1960, la mer d'Aral était la quatrième plus grande masse d'eau intérieure de la planète, mais presque toute son eau a disparu après que le gouvernement soviétique a détourné l'eau qui se déversait dans la mer d'Aral pour irriguer les terres agricoles du Kazakhstan, de l'Ouzbékistan et du Turkménistan. L'eau de l'Aral est devenue plus salée, les concentrations de minéraux ont augmenté et les engrais et pesticides ont provoqué une pollution. L'industrie de la pêche, qui employait environ 60 000 personnes au début des années 1960, a disparu dans les années 1980. Le lit poussiéreux du lac est exposé aux vents violents de la région, qui emportent les sols pollués et chargés de sel, créant ainsi des problèmes de santé publique. Cette poussière salée se dépose également sur les terres cultivées, réduisant le rendement des cultures alentours. La perte d'une masse d'eau aussi importante a rendu le climat de la région plus extrême, avec des hivers plus froids et des étés plus chauds et plus secs.

> *Neuf options offrent des avantages moyens à importants pour les cinq défis liés à la gestion des terres [...] augmentation de la productivité alimentaire, amélioration de la gestion des terres cultivées, amélioration de la gestion des pâturages, amélioration de la gestion du bétail, agroforesterie, gestion des forêts, augmentation de la teneur en carbone organique du sol, gestion des incendies et réduction des pertes après récolte.* (p. 61)

La gestion des incendies fait l'objet d'une attention croissante, en raison des coûts économiques, environnementaux et sanitaires des incendies de forêt. Pour beaucoup de gens, l'ampleur du problème a été révélée par les images de vastes zones de l'Arctique en train de brûler en 2020, et par les scènes apocalyptiques de l'Australie et des États-Unis la même année. Pourtant, malgré l'activité record des feux de forêt en Australie, dans l'Arctique, au Brésil et aux États-Unis en 2020, les très faibles niveaux d'activité des feux de forêt au Canada et en Afrique tropicale se sont traduits par une année inférieure à la moyenne pour les émissions mondiales de carbone dans l'atmosphère liées aux feux, selon le service de surveillance de l'atmosphère Copernicus.[17] Le coût direct mondial des incendies de forêt en 2020 a été de 17 milliards de dollars, ce qui en fait la cinquième année la plus coûteuse pour les incendies de forêt derrière 2017, 2018, 2015 (grands incendies indonésiens) et 2010 (grands incendies russes). Le coût humain est également considérable, même s'il est difficile à calculer en raison du manque de données dans de nombreux pays touchés. Comme mentionné dans le premier chapitre, la fumée des feux de forêt est impliquée dans les décès liés aux maladies respiratoires, une étude estimant qu'elle est probablement responsable de 5 000 à 15 000 décès au cours d'une année moyenne aux États-Unis, et davantage lors d'années plus chargées en fumée comme 2018 ou 2020.[18]

Les données complètes pour 2021 ne sont pas disponibles au moment de la rédaction de ce rapport, mais les premières indications montrent que l'année a été particulièrement mauvaise. Les émissions de carbone dues aux incendies de forêt en Sibérie, par exemple, étaient déjà plus élevées en août que pour l'ensemble de l'année 2020, la pire année jamais enregistrée.[19]

En Europe, les projections climatiques montrent une nette augmentation du risque d'incendie dans la plupart des régions, notamment en Europe centrale et occidentale, en étendant vers le nord la zone présentant un risque d'incendie modéré.[20] Les autorités européennes insistent sur le fait que les interactions du changement climatique avec le couvert végétal et les régimes d'incendie doivent être parfaitement comprises et correctement prises en compte dans la gestion des incendies, afin de permettre aux plans et aux politiques de tenir compte des modifications du type de végétation et des risques supplémentaires d'incendie.

Nous devons considérer non seulement la manière dont les systèmes interagissent entre eux, mais aussi la manière dont les différents aspects d'un même système peuvent devoir être équilibrés les uns par rapport aux autres. La résilience et l'efficacité, par exemple. Éteindre les feux de forêt aussi rapidement que possible semble être une politique efficace. De même, la plantation d'espèces à croissance rapide a un sens économique. Mais si vous éteignez un feu trop tôt, vous laissez derrière vous du combustible pour un futur incendie. Et les espèces à croissance rapide n'ont pas développé la résistance au feu des variétés traditionnelles à croissance plus lente. Le changement climatique peut entraîner des épisodes périodiques de fortes pluies, favorisant l'épanouissement du sous-bois, suivis de sécheresses, le desséchant pour le prochain incendie. La forêt peut être économiquement efficace pendant un certain temps, mais elle n'est pas résiliente, comme le montrent tant d'exemples récents. Ici, comme dans d'autres systèmes, l'efficacité économique à court terme doit être mise en balance avec la durabilité à plus long terme.

Deux autres options, à savoir le changement de régime alimentaire et la réduction des déchets alimentaires, n'ont pas d'estimations globales pour l'adaptation au changement climatique, mais présentent des avantages *moyens à importants pour tous les autres défis. [...] Cinq options présentent un fort potentiel d'atténuation (plus de 3 GtéqCO$_2$ an^{-1}) sans incidence négative sur les autres défis [...] augmentation de la productivité alimentaire, réduction de la déforestation et de la dégradation des forêts, augmentation de la teneur en carbone organique des sols, gestion des incendies et réduction des pertes après récolte.* (p. 61)

L'augmentation des stocks de carbone dans le sol permet d'éliminer le CO_2 de l'atmosphère et d'accroître la capacité de rétention d'eau du sol, ce qui confère une résilience au changement climatique et renforce la capacité d'adaptation. Il s'agit d'une stratégie essentielle pour lutter contre la désertification et la dégradation des sols. Il semble que l'augmentation de la teneur en matière organique améliore le rendement des cultures et la stabilité des rendements. Les pratiques visant à augmenter les stocks de matière organique du sol ont des efficacités variables. Par exemple, l'impact de l'agriculture sans labour et de l'agriculture de conservation sur les stocks de carbone du sol est souvent positif, mais dépend de la quantité de résidus de culture retournés au sol. Si les pratiques visant à augmenter les stocks de carbone organique du sol réduisent les rendements, les propriétaires fonciers peuvent choisir d'utiliser les terres à d'autres fins qui augmentent alors les émissions, le développement urbain ou industriel par exemple. Dans ce cas, la sécurité alimentaire pourrait également être affectée.

Comme nous l'avons vu au chapitre quatre, environ un tiers de la nourriture produite pour la consommation humaine est gaspillée dans les opérations de post-production, principalement en raison d'une mauvaise gestion du stockage. Les pertes alimentaires après récolte sont la raison pour laquelle la nourriture n'est pas équitablement accessible et abordable dans tous les pays. La réduction des pertes alimentaires après récolte peut améliorer la sécurité alimentaire dans les pays en développement ; dans les pays développés, les pertes alimentaires se produisent principalement au stade de la vente au détail et de la consommation. Les principaux facteurs à l'origine des pertes après récolte dans les pays en développement sont les déficiences structurelles et infrastructurelles.

Le potentiel d'atténuation du changement climatique pour la bioénergie et le BECCS [bioénergie avec captage et stockage du carbone] est important (jusqu'à 11 GtéqCO$_2$ an^{-1}); toutefois, les effets de la production de bioénergie sur la dégradation des sols, l'insécurité alimentaire, la pénurie d'eau, les émissions de gaz à effet de serre (GES) et d'autres objectifs environnementaux [...] dépendent de l'échelle de déploiement, de l'utilisation initiale des sols, du type de sol, de la matière première bioénergétique, des stocks de carbone initiaux, de la région climatique et du régime de gestion. (p. 62)

Selon l'Agence internationale de l'énergie, les technologies à émissions négatives (NET), également appelées élimination du dioxyde de carbone, font l'objet d'une attention croissante car sans émissions négatives, la réalisation des objectifs de l'Accord de Paris de 2015 nécessiterait des courbes de réduction des émissions très raides jusqu'en 2050.[21] Par exemple, pour atteindre l'objectif de 2°C sans technologies à émissions négatives, la part des sources à faible teneur en carbone dans la production mondiale d'électricité devrait passer de 30 à 80 % entre 2016 et 2030. Cela nécessiterait un rythme de transformation du secteur mondial de l'électricité qui pourrait ne pas être réalisable.

La bioénergie avec captage et stockage du carbone (BECCS), qui consiste à capter et à stocker le CO_2 provenant de la production d'énergie à partir de la biomasse, est l'une des options d'émissions négatives les plus débattues et un exemple des choix difficiles à faire lorsqu'il faut concilier objectifs climatiques et sécurité alimentaire. Les terres utilisées pour les matières premières des biocarburants sont souvent indisponibles pour produire des aliments, et de nombreuses études font état d'un impact négatif de la production de bioénergie sur la sécurité alimentaire. Par conséquent, « pour être une alternative viable aux combustibles fossiles, la production de bioénergie doit offrir un équilibre entre les avantages énergétiques, environnementaux et économiques, tout en ne faisant pas concurrence à la sécurité alimentaire, que ce soit directement ou indirectement ».[22] Un article paru dans le *Financial Times* en septembre 2021, intitulé « Diesel vs Donuts », abordait ce conflit. Le président de l'Association des boulangers américains a déclaré que ses membres, y compris les fabricants de beignets, étaient confrontés à une hausse des prix de l'huile végétale en raison de l'achat par les compagnies pétrolières d'approvisionnements destinés aux biocarburants.[23]

Les liens entre la bioénergie et les BECCS, d'une part, et l'adaptation au changement climatique, la dégradation des sols, la désertification et la biodiversité, d'autre part, dépendent fortement de facteurs locaux tels que le type de culture énergétique, les pratiques de gestion et l'utilisation antérieure des sols. Par exemple, les pratiques agricoles intensives visant à obtenir des rendements élevés peuvent avoir des effets importants sur la santé des sols, notamment l'épuisement de la matière organique du sol, ce qui accélère la désertification. Toutefois, les programmes de biocarburants peuvent être bénéfiques pour l'adaptation future des écosystèmes s'ils sont basés sur de faibles apports de combustibles fossiles et de produits chimiques, une irrigation limitée, des espèces tolérantes à la chaleur et à la sécheresse et une utilisation marginale des terres.

En fin de compte, il n'existe pas de solution parfaite, et les choix politiques doivent être faits en tenant compte des compromis entre des intérêts et des objectifs différents, qui sont parfois contradictoires. Par exemple, la centrale électrique de Drax, au Royaume-Uni, a été convertie pour brûler des granulés de bois au lieu du charbon. Deux unités de biomasse de plus de 600 mégawatts, modernisées grâce à la technologie de captage du carbone, pourraient produire 40 % des émissions négatives que le comité britannique sur le changement climatique estime nécessaires au système BECCS pour que le pays atteigne le niveau zéro d'ici 2050. Le BECCS a également le potentiel d'éliminer 20 à 70 millions de tonnes de CO_2 par an au Royaume-Uni d'ici 2050. Cependant en 2018, pour produire 6 % de l'électricité du Royaume-Uni, Drax a brûlé 7,1 millions de tonnes de granulés, soit plus que la production totale de bois du Royaume-Uni entier en une année ; 79 % de l'approvisionnement en biomasse a été expédié d'Amérique du Nord, ce qui a généré environ 600 millions de tonnes de CO_2.[24]

Conclusion

Les stratégies d'atténuation et d'adaptation au climat visant à lutter contre la désertification et la dégradation des sols, et à renforcer la sécurité alimentaire, ont plus de chances de réussir si elles abordent les problèmes de manière systémique et tiennent compte des interconnexions entre les systèmes. En outre, le calendrier est important. Une action tardive se traduira par un besoin accru de réponse aux défis liés à la gestion des terres, mais aussi par une diminution du potentiel des options de réponse en raison du changement climatique et d'autres pressions. Cependant, une action précoce comporte également des défis, notamment en matière de préparation technologique, de transposition à plus grande échelle et de barrières institutionnelles.

Notes

1. "European flight paralysis exacts high price on the Kenyan flower trade", Nick Wadhams, *The Guardian*, 20 April 2010, https://www.theguardian.com/world/2010/apr/20/kenya-flowers-iceland-volcano

2. *Fifth Assessment Report*, IPCC 2014, https://www.ipcc.ch/assessment-report/ar5/

3. Hynes et al., (2020), *Systemic Thinking for Policy Making: The Potential of Systems Analysis for Addressing Global Policy Challenges in the 21st Century*, New Approaches to Economic Challenges, OECD Publishing, Paris, https://doi.org/10.1787/879c4f7a-en

4. *Resilience and regeneration: be part of Australia's bushfire recovery*, Australia.com, https://www.australia.com/en/travel-inspiration/australia-bushfire-recovery.html

5. Flood and Coastal Erosion Risk Management Strategy Action Plan 2021, Environment Agency, England, 2021, https://www.gov.uk/government/publications/national-flood-and-coastal-erosion-risk-management-strategy-for-england-action-plan/flood-and-coastal-erosion-risk-management-strategy-action-plan-2021

6. *A Systems Approach to Environmental Challenges*, Irena Sodin, Opening Remarks, New Approaches to Economic Challenges Conference on Integrative Economics, Paris, 6 March 2020, https://www.oecd.org/naec/integrative-economics/Ambassador-Sodin-Slovenia-session4-Integrative-Economics.pdf

7. *Interlinkages between desertification, land degradation, food security and greenhouse gas fluxes: Synergies, trade-offs and integrated response options*, IPCC, *Climate Change and Land*, Chapter 6,

https://www.ipcc.ch/site/assets/uploads/sites/4/2019/11/09_Chapter-6.pdf

8. "Urban heat island", J.A. Voogt, *Encyclopedia of global environmental change*, Vol. 3, 2003

9. "The Urban Heat Island: Implications for Health in a Changing Environment", Clare Heaviside et al., *Current Environmental Health Reports*, September 2017,
https://link.springer.com/article/10.1007/s40572-017-0150-3

10. "Death toll exceeded 70,000 in Europe during the summer of 2003/Plus de 70 000 décès en Europe au cours de l'été 2003", Jean-Marie Robine et al., *Comptes Rendus Biologies*, Volume 331, Issue 2, February 2008, Pages 171-178, https://doi.org/10.1016/j.crvi.2007.12.001

11. "Assessing summertime urban air conditioning consumption in a semiarid environment", F. Salamanca et al., *Environ. Res. Lett.* 8 034022, https://iopscience.iop.org/article/10.1088/1748-9326/8/3/034022/meta

12. "Greenery as a mitigation and adaptation strategy to urban heat", N.H. Wong et al., *Nat Rev Earth Environ* 2, 166–181 (2021), https://doi.org/10.1038/s43017-020-00129-5

13. *Reducing livestock greenhouse gas emissions*, Australia Department of Primary Industries and Regional Development, January 2021, https://www.agric.wa.gov.au/climate-change/reducing-livestock-greenhouse-gas-emissions

14. *Climate Change Adaptation in Africa*, UNDP, 2018, https://www.undp.org/sites/g/files/zskgke326/files/undp/library/Climate percent20and percent20Disaster percent20Resilience/Climate percent20Change/CCA-Africa-Final.pdf

15. W. Thiery, et al., "Warming of hot extremes alleviated by expanding irrigation", *Nat Commun* 11, 290 (2020) https://doi.org/10.1038/s41467-019-14075-4

16. *This Central Asian lake is a stark reminder of the impact we have on the planet*, World Economic Forum, 21 February 2020, https://www.weforum.

org/agenda/2020/02/aral-sea-lake-water-nature-human-impact/

17. "Reviewing the horrid global 2020 wildfire season", Jeff Masters, Yale Climate Connections, 4 January 2021, https://yaleclimateconnections.org/2021/01/reviewing-the-horrid-global-2020-wildfire-season/

18. *Managing the growing cost of wildfire,* Marshall Burke et al., Stanford Institute for Policy Research Policy Brief, October 2020, https://siepr.stanford.edu/sites/default/files/publications/PolicyBrief-October2020_0.pdf

19. *The devastating wildfires of 2021 are breaking records and satellites are tracking it all,* Tereza Pultarova, Science.com, 11 August 2021, https://www.space.com/2021-record-wildfire-season-from-space

20. *Adaptation of fire management plans*, European Climate Adaptation Platform Climate-ADAPT, 31 August 2016 https://climate-adapt.eea.europa.eu/metadata/adaptation-options/adaptation-of-fire-management-plans

21. *Deployment of BECCS/U value chains: Technological pathways, policy options and business models*, IEA Bioenergy, June 2020, https://www.ieabioenergy.com/wp-content/uploads/2020/06/Deployment-of-BECCS-Value-Chains-IEA-Bioenergy-Task-40.pdf

22. "Systematic review on effects of bioenergy from edible versus inedible feedstocks on food security", Selena Ahmed et al., NPJ Sci Food. 2021; 5: 9., Published online 4 May 2021. doi: 10.1038/s41538-021-00091-6

23. "Diesel vs doughnuts: new biofuel refineries squeeze US food industry", Emiko Terazano and Justin Jacobs, *Financial Times,* 8 September 2021, https://www.ft.com/content/b5839a04-a06a-49c1-8622-2974cbb9a84a

24. *Bioenergy with Carbon Capture & Storage (BECCS)*, Geoengineering Monitor, Geoengineering Technology Briefing Jan 2021, https://www.geoengineeringmonitor.org/wp-content/uploads/2021/04/beccs.pdf

Chapitre Six
Faire face aux risques du changement climatique

En 2018, l'initiative « Nouvelles approches des défis économiques » de l'OCDE a organisé une conférence pour discuter des enseignements à tirer, 10 ans après, de la crise financière de 2008.[1] John Llewellyn était économiste en chef chez Lehman Brothers lorsque la crise a éclaté et disposait d'un outil appelé Damoclès pour prévoir les crises financières dans les pays en développement. Par curiosité, cet outil a été utilisé pour les États-Unis en 2007 et a prédit une crise. John Llewellyn en a informé le conseil d'administration, mais comme le modèle ne pouvait pas dire quand la crise arriverait, ils ont décidé d'ignorer l'avertissement, pour ne pas perdre des parts de marché et des dividendes potentiels. Il a appris plus tard que dans les autres grandes institutions financières, l'attitude avait été la même.

Lorsqu'on lui a demandé quelles leçons il en tirait dix ans plus tard, M. Llewellyn a répondu qu'il constatait le même comportement inquiétant, les décideurs ignorant les preuves et les avertissements des experts ; mais que désormais, le problème dangereux était le changement climatique.

L'erreur commune qu'il a identifiée est d'imaginer que le climat, comme les marchés financiers et d'autres systèmes complexes, se comporte de manière linéaire et prévisible, alors qu'en réalité ces systèmes sont non linéaires. Reconnaître ce fait modifie la façon dont on aborde la gestion des risques, et la philosophie qui sous-tend les efforts visant à concevoir des politiques de gestion des risques.

Ce chapitre examine les risques et les incertitudes liés à la gestion des terres et au changement climatique sous cet angle, ainsi que les instruments politiques et le processus décisionnel qui cherchent à les traiter. Nous examinons également les pratiques de gouvernance qui combinent les réponses et les co-bénéfices, atténuent les impacts socio-économiques du changement climatique, réduisent les compromis, et font progresser la gestion durable des terres.

> *La dynamique spatiale, culturelle et temporelle complexe du risque et de l'incertitude en ce qui concerne les interactions entre les terres et le climat et la sécurité alimentaire, nécessite une approche flexible, adaptative et itérative pour évaluer les risques, réviser les décisions et les instruments politiques.* (IPCC SRCCL, p. 68)

Nous avons fait valoir dans le chapitre d'introduction que nous ne vivons pas dans le monde de la physique newtonienne où les actions entraînent des réactions prévisibles. Nous faisons partie d'un système complexe de systèmes naturels, sociopolitiques et économiques que nous reconfigurons en permanence et qui nous affecte constamment. Les systèmes adaptatifs complexes sont sujets à des crises émergentes et perturbatrices, dont la cause initiale semble souvent insignifiante sur le moment et n'est identifiée qu'après coup. Ces systèmes complexes sont sujets à des défaillances en cascade. Mais la physique et d'autres disciplines nous enseignent une leçon quelque peu contre-intuitive sur la gestion de ce phénomène : plus vous tentez d'optimiser les systèmes complexes, plus ils risquent de devenir instables. Une approche systémique suggère également que, si l'attention a tendance à se concentrer principalement sur les éléments déclencheurs – pandémies, catastrophes naturelles, tensions géopolitiques, nous devons également réfléchir à la stabilité, à la résilience et à la fonctionnalité des systèmes dans toutes les conditions.[2]

Lorsque nous parlons des propriétés des systèmes conçus par des humains, nous devons nous rappeler qu'elles sont en grande partie le résultat de leurs décisions et de leurs comportements. Les choix politiques qui dégradent les services publics, en privilégiant l'efficacité à court terme au détriment de la résilience à long terme, réduisent notre capacité à gérer les crises et nous rendent vulnérables au type de choc systémique initié par la Covid-19, ainsi qu'aux chocs que le changement climatique provoquera ou aggravera. La pensée systémique nous permet d'identifier les principaux moteurs, les interactions et les dynamiques du lien économique, social et environnemental que la politique cherche à façonner, et de sélectionner les points d'intervention de manière sélective et adaptative. Cela nous permet de souligner l'importance de la résilience à une variété de chocs et de stress, permettant aux systèmes de récupérer et de s'adapter à de nouvelles réalités.

Cette approche accepte la nature intrinsèquement incertaine, imprévisible et même aléatoire des menaces systémiques et y répond en renforçant la résilience. Plutôt que de s'appuyer uniquement sur la capacité à prévenir, éviter, résister et absorber toutes les menaces, la résilience met l'accent sur l'importance de la récupération et de l'adaptation après une perturbation. La résilience reconnaît que des perturbations massives peuvent se produire et se produiront, et qu'il est essentiel que les systèmes centraux aient une capacité de récupération et d'adaptation pour assurer leur survie à l'avenir[3] ; et même de profiter des opportunités nouvelles ou révélées après les crises pour améliorer le système par des changements plus larges.

La pensée systémique ne peut toutefois pas fournir une feuille de route vers un avenir souhaité. Dans un système complexe, il n'y a pas l'équivalent d'une carte qui montre que suivre une route vous mène à une ville sans devoir d'abord emprunter physiquement la route.[4] Le terrain change constamment en fonction du comportement des gens et des circonstances, et vous devez adapter, adopter ou abandonner des politiques en fonction de l'évolution de la situation.

> *L'expérience et la dynamique du risque évoluent dans le temps sous l'effet de processus tant humains que naturels.* (p. 675)

Il y a fort à parier que les changements climatiques et terrestres entraînent des risques accrus à certaines périodes de la vie, notamment pour les très jeunes et les populations vieillissantes, ainsi qu'un risque durable pour les personnes vivant dans la pauvreté. Les recherches menées par l'Institut d'Oxford sur le vieillissement de la population montrent que les personnes âgées risquent d'être piégées en raison de leur manque de mobilité, de leur handicap et de leur fragilité, les empêchant par exemple de quitter les villes côtières qui, en raison du changement climatique, seront de plus en plus exposées au double impact de la chaleur et des inondations. Elles sont plus exposées aux maladies liées à la chaleur, « aggravées par le fait de vivre seul, les comorbidités, les médicaments, et sont plus exposées au risque de déshydratation que les jeunes, en raison des changements physiologiques qui se produisent dans le cadre du processus de vieillissement. Par conséquent, toute réduction de l'accès à l'eau douce, lors d'une sécheresse par exemple, a de graves conséquences pour les personnes âgées ».[5]

L'Institut d'Oxford souligne également le fait que la moitié de la population urbaine mondiale aura plus de 60 ans d'ici 2050 et qu'elle dépendra de la technologie pour compenser certains des effets du vieillissement. Cependant la plupart des services qui permettent de faire face au vieillissement, et qui sont devenus un élément essentiel de la vie urbaine moderne, sont très dépendants de l'énergie. Les voitures et les ascenseurs améliorent l'accès et la mobilité ; les systèmes de climatisation et de chauffage augmentent le confort ; l'éclairage et les systèmes audio avancés compensent le déclin des sens ; et les interventions médicales avancées retardent la mort. À mesure que la population vieillit, la dépendance à l'égard de ces technologies va s'accentuer.

Il est fort probable que les politiques visant à lutter contre les cycles vicieux de la pauvreté, de la dégradation des sols et des émissions de gaz à effet de serre (GES), mises en œuvre de manière globale, permettent de parvenir à un développement durable résilient au changement climatique. (p. 675)

Une réglementation efficace de l'utilisation des terres pour réduire les compromis environnementaux et la dépendance à l'égard de la biomasse traditionnelle, une faible croissance de la consommation, des régimes carnés limités, un commerce international modéré avec des marchés régionaux connectés et une atténuation efficace des GES : ces facteurs peuvent entraîner une baisse des prix des denrées alimentaires, une diminution du nombre de personnes touchées par les perturbations climatiques et une augmentation des terres forestières.

À l'opposé, une politique caractérisée par une faible réglementation de l'utilisation des terres, un développement technologique limité, une consommation intensive de ressources, et des instruments d'atténuation des GES inefficaces peut entraîner une hausse des prix des denrées alimentaires et une perte importante de forêts.

> *Si l'on retarde la mise en œuvre de mesures d'atténuation importantes dans d'autres secteurs et que l'on transfère la charge sur le secteur de la gestion des terres, on augmente le risque d'effets négatifs sur la sécurité alimentaire et les services écosystémiques.* (p. 675)

Les conséquences sont une pression accrue sur les terres avec un risque plus élevé d'échec de l'atténuation et de dépassement de la température, ainsi que le fait de laisser aux générations futures le poids de l'atténuation du changement climatique. Le fait de donner la priorité à une décarbonisation précoce, avec un recours minimal à l'élimination du dioxyde de carbone, réduit le risque d'échec des mesures d'atténuation.

> *Les connaissances autochtones et locales peuvent jouer un rôle essentiel dans la compréhension des processus et des incidences climatiques, l'adaptation au changement climatique, la gestion durable des terres dans différents écosystèmes et l'amélioration de la sécurité alimentaire.* (p. 676)

Le tsunami qui a frappé l'océan Indien en décembre 2004 a tué plus de 220 000 personnes et causé des dégâts d'une valeur d'environ 10 milliards de dollars. Le nombre de victimes a été si élevé en raison de l'ampleur et de la vitesse du tsunami. Les vagues atteignaient 30 mètres de haut à certains endroits, après avoir traversé l'océan à des vitesses allant jusqu'à 800 km/h (500 mph), soit aussi vite qu'un avion à réaction.[6] Beaucoup de morts étaient des touristes, venus passer les fêtes de fin d'année à la plage, mais on craignait que la catastrophe n'ait également fait disparaître certains des derniers peuples de l'« âge de pierre » de la Terre, qui avaient disparu des côtes des îles Andaman et Nicobar, en Inde.

Ils ont ensuite réapparu, expliquant qu'ils s'étaient déplacés vers des terres plus élevées lorsqu'ils ont compris qu'un tsunami se préparait. La tribu des Onge, par exemple, vit sur la Petite Andaman depuis 30 000 à 50 000 ans et la plupart d'entre eux semblent avoir survécu. Leur folklore parle d'une « énorme secousse du sol suivie d'un haut mur d'eau », selon Manish Chandi, un travailleur de la protection de l'environnement qui a étudié les tribus et a parlé à certains Onges après la catastrophe.[7]

Savoir qu'un tsunami arrive et ce qu'il faut faire pour se sauver est un exemple de savoir indigène et local. Pour l'Unesco, « les savoirs locaux et autochtones désignent les connaissances, les compétences et les philosophies développées par des sociétés ayant une longue histoire d'interaction avec leur environnement naturel. Pour les populations rurales et indigènes, les connaissances locales éclairent la prise de décision sur des aspects fondamentaux de la vie quotidienne. Ces connaissances font partie intégrante d'un complexe culturel qui englobe également la langue, les systèmes de classification, les pratiques d'utilisation des ressources, les interactions sociales, les rituels et la spiritualité ».[8]

Comme le montre l'exemple des Onge, ces connaissances sont spécifiques au contexte, collectives, transmises de manière informelle et multifonctionnelles. Elles peuvent englober des informations factuelles sur l'environnement et des conseils sur la gestion des ressources, ainsi que sur les droits et les comportements sociaux qui y sont liés. Elles peuvent être utilisées dans la prise de décision à différents niveaux et échelles. L'échange d'expériences en matière d'adaptation et d'atténuation qui incluent le savoir traditionnel autochtone est à la fois une exigence et une stratégie pour la communication et l'action participatives autour du climat.

Il existe des possibilités d'intégrer les connaissances autochtones et locales à d'autres connaissances. La plateforme intergouvernementale scientifique et politique sur la biodiversité et les services écosystémiques (IPBES), par exemple, identifie les domaines dans lesquels l'attention portée au savoir local et autochtone est particulièrement importante pour les questions d'écologie appliquée.[9] Il s'agit notamment d'enrichir la compréhension de la nature et de ce qu'elle apporte à l'homme, y compris les services écosystémiques ; d'aider à évaluer et à surveiller les changements dans les écosystèmes ; de contribuer aux objectifs internationaux et à l'élaboration de scénarios pour atteindre des objectifs mondiaux tels que les objectifs d'Aichi en matière de biodiversité[10] et les objectifs de développement durable des Nations unies[11] ; et de générer des options inclusives et pertinentes pour l'homme et la nature.

Dans le même esprit, on pourrait améliorer la gestion durable des terres en faisant participer les gens à l'identification des problèmes (notamment le déclin des espèces, la perte d'habitat, le changement d'affectation des terres dans l'agriculture, la production alimentaire et la sylviculture), à la sélection des indicateurs, à la collecte des données climatiques, à la modélisation des terres et aux possibilités d'innovation agricole. Une démarche participative permet de surmonter les obstacles en ouvrant la politique et la science entourant les décisions relatives au climat et aux terres à une discussion inclusive qui favorise les alternatives.

L'autonomisation des femmes peut renforcer les synergies entre la sécurité alimentaire des ménages et la gestion durable des terres (GDT). (p. 677)

Les femmes jouent un rôle important dans l'agriculture, la sécurité alimentaire et les économies rurales à l'échelle mondiale. Elles représentent 43 % de la main-d'œuvre agricole dans les pays en développement, de 25 % en Amérique latine à près de 50 % en Asie orientale et en Europe centrale et du Sud, et 47 % en Afrique subsaharienne. Cependant, les femmes constituent moins de 5 % des propriétaires fonciers. Dans seulement 37 % des 161 pays développés et en développement, les hommes et les femmes ont des droits égaux en matière d'utilisation et de contrôle des terres, et dans 59 % des cas, les pratiques coutumières, traditionnelles et religieuses sont discriminatoires à l'égard des femmes, même si la loi accorde officiellement des droits égaux.

Le genre est un axe clé de l'inégalité sociale qui s'entrecroise avec d'autres systèmes de pouvoir et de marginalisation – y compris la race, la culture, la classe sociale, le statut socio-économique, le lieu, la sexualité et l'âge – pour accentuer la vulnérabilité et la capacité d'adaptation au changement climatique. En raison de structures sociales patriarcales et d'idéologies sexistes, les femmes peuvent être confrontées à de multiples obstacles quant à la participation et à la prise de décision pour les mesures d'adaptation et d'atténuation liées aux terres en réponse au changement climatique : charge disproportionnée de travail domestique non rémunéré, y compris les activités de soins et la fourniture d'eau et de bois de chauffage ; risque de violence dans les sphères publiques et privées, ce qui limite la mobilité des femmes pour les activités en dehors de la maison ; accès plus limité au crédit et au financement ; manque de réseau social, qui peut aider à accéder au crédit ; et manque de propriété d'actifs et de ressources productives, y compris les terres.

Les options d'adaptation liées à la terre et au climat peuvent donner lieu à des compromis en matière d'environnement et de développement, ainsi qu'à des conflits sociaux et à des changements dans les relations homme-femme. L'action collective et la responsabilisation des femmes dans les ménages agricoles ont permis de prévenir les mauvaises récoltes, de réduire la charge de travail, d'augmenter l'apport nutritionnel, d'améliorer la gestion durable de l'eau, de diversifier et d'augmenter les revenus et d'améliorer la planification stratégique. Le travail salarié des femmes peut contribuer à stabiliser les revenus d'autres activités dépendantes de la terre et du climat, comme l'agriculture, la chasse ou la pêche.

La généralisation de l'intégration du genre dans les politiques foncières et climatiques nécessite des évaluations des besoins et des priorités différenciés selon le genre. Elle exige aussi de sélectionner les instruments politiques appropriés pour lever les obstacles à la gestion durable des terres par les femmes ;

par exemple, cela implique de considérer le genre comme critère de qualification pour les programmes de financement ou l'accès au financement des initiatives. Les programmes de formation et de vulgarisation destinés aux femmes pour faciliter les pratiques durables sont également importants. Ces formations pourraient être intégrées dans des programmes ou structures existants, tels que les micro-entreprises collectives ou les organisations communautaires de femmes, mais pas au point de submerger ces organisations ou de supplanter leurs missions existantes. Les programmes de gestion durable des terres pourraient également bénéficier de l'engagement volontaire des hommes dans la formation et les initiatives en matière d'égalité des sexes.

La sécurisation de la propriété foncière pour les femmes permet de favoriser la gestion durable des terres. Cela accroît leurs efforts de conservation, leurs investissements agricoles bénéfiques pour l'environnement, comme la plantation d'arbres et améliore également leurs revenus. Si les femmes avaient le même accès aux ressources productives que les hommes, le nombre de personnes souffrant de la faim dans le monde pourrait être réduit de 12 à 17 %.[12]

Les importants changements sociaux et politiques nécessaires à l'utilisation durable des terres, à la réduction de la demande et aux efforts d'atténuation liés à la stabilisation du climat nécessitent un large éventail de mécanismes de gouvernance. (p. 70)

Il existe des preuves solides et un large consensus sur le fait que les crises liées aux ressources et aux catastrophes sont des crises de gouvernance. Comme l'a dit Amartya Sen, « il n'existe pas de problème alimentaire apolitique ».[13] **La gouvernance adaptative des risques, qui combine la théorie de la résilience et de la complexité, est apparue en réponse à ces crises et repose sur quatre piliers essentiels : la durabilité, la gouvernance, l'atténuation et l'adaptation.**

L'anticipation est un élément clé de la gouvernance adaptative du climat, avec des mécanismes de pilotage développés pour s'adapter à des futurs incertains et les façonner. Les décideurs politiques peuvent rendre opérationnelle la gouvernance anticipative par le biais :

- d'un système de prévision prenant en compte scénarios et modèles ;
- de réseaux pour intégrer ces connaissances dans le processus politique ;
- d'indicateurs pour évaluer les performances ;
- d'une culture institutionnelle ouverte permettant une gouvernance hybride et polycentrique.

Afin de gérer l'incertitude, les systèmes de gouvernance des ressources naturelles doivent permettre aux agences et aux parties prenantes d'apprendre et de changer au fil du temps. Il s'agit de réagir aux changements des écosystèmes et aux nouvelles informations par des stratégies et des pratiques de gestion différentes qui impliquent l'expérimentation. Prenons en exemple les expériences d'échange de droits d'émission menées entre 1968 et 2000 aux États-Unis. Elles ont contribué, par le biais d'expériences en laboratoire et d'applications sur le terrain se renforçant mutuellement et faisant progresser les connaissances collectives, à la réalisation de modèles spécifiques de gouvernance et de pratiques concrètes.

Un plan de gestion durable des terres est dynamique et s'adapte dans le temps aux conditions futures, en surveillant les indicateurs comme des alertes ou des signaux précoces de points de basculement, initiant un processus de changement de politique avant qu'un seuil nuisible ne soit atteint. Ce processus a été appliqué à l'élévation du niveau de la mer sur les côtes, en commençant par des mesures à faible risque et à faible coût, puis en passant à des mesures nécessitant un investissement plus important après examen et réévaluation. Considérer l'atténuation du climat comme une série de décisions connectées sur une longue période et non comme une décision isolée réduit la fragmentation, l'incertitude des modèles, et augmente l'efficacité des mesures politiques.

La gouvernance adaptative aborde les grandes incertitudes et leur amplification sociale à travers les différentes perceptions du risque. Elle co-évolue avec le risque en mettant en œuvre des combinaisons de politiques et en évaluant l'efficacité dans un processus continu, en apportant des corrections si nécessaire. En ce qui concerne l'adaptation climatique à l'érosion des terres côtières et fluviales due à des événements climatiques extrêmes ayant un impact sur les communautés, la gouvernance adaptative offre la capacité de surveiller les processus socio-économiques et de mettre en œuvre des réponses institutionnelles dynamiques et informées au niveau local.

En comparaison avec d'autres initiatives de gouvernance de la gestion des écosystèmes visant à la conservation et à l'utilisation durable du capital naturel, la gouvernance adaptative a des effets visibles sur le capital naturel en surveillant, communiquant et répondant aux changements au sein des écosystèmes.

Conclusion

Les défis environnementaux sont systémiques, complexes et non linéaires, et même si les régions et les personnes les plus pauvres seront les plus affectées, les inondations et les incendies survenus en Europe et aux États-Unis en 2021 montrent que les catastrophes liées au climat deviennent partout plus meurtrières. Le rythme du changement climatique a des implications sur la rapidité d'adaptation des systèmes. L'action au niveau mondial déterminera l'intensité des compromis potentiels entre les mesures d'atténuation et leurs impacts éventuels sur les écosystèmes, et le bien-être humain à des échelles plus petites. Les risques liés au climat ne peuvent être évités, et d'autres chocs liés au climat ou d'autres stress plus prolongés sont inévitables. Des occasions de repenser et de mettre en œuvre des mesures d'atténuation et d'adaptation peuvent se présenter à la suite d'une catastrophe majeure ou d'un événement climatique extrême. Elles peuvent également se présenter lorsque l'action collective et la science citoyenne motivent des changements volontaires dans les modes de vie soutenus par les politiques.

Notes

1. *10 Years after the failure of Lehman Brothers: What have we learned?*, OECD New Approaches to Economic Challenges Conference, 13-14 September 2018, https://www.oecd.org/naec/10-years-after-the-crisis/

2. *Debate the Issues: Complexity and Policymaking*, Love, P. and J. Stockdale-Otárola (eds.), OECD Insights, OECD Publishing, Paris, https://doi.org/10.1787/9789264271531-en

3. *The Science and Practice of Resilience*, Igor Linkov and Benjamin Trump, Springer, 2019, https://link.springer.com/book/10.1007%2F978-3-030-04565-4

4. *The end of theory*, Richard Bookstaber, Princeton University Press, 2018, https://press.princeton.edu/books/hardcover/9780691169019/the-end-of-theory

5. Harper, S. "The Convergence of Population Ageing with Climate Change", Sarah Harper, *Population Ageing* 12, 401–403 (2019), https://doi.org/10.1007/s12062-019-09255-5

6. *Tsunami Historical Series: Sumatra – 2004*, NOAA, https://sos.noaa.gov/catalog/datasets/tsunami-historical-series-sumatra-2004/

7. *Tsunami folklore 'saved islanders'*, Subir Bhaumik, BBC News, 20 January 2005, http://news.bbc.co.uk/2/hi/south_asia/4181855.stm

8. *What is local and indigenous knowledge?* Unesco, 2017, http://www.unesco.org/new/en/natural-sciences/priority-areas/links/related-information/what-is-local-and-indigenous-knowledge/

9. "Working with Indigenous and local knowledge (ILK) in large-scale ecological assessments: Reviewing the experience of the IPBES Global Assessment", Pamela McElwee et al., *Journal of Applied Ecology*, 28 July

2020, https://doi.org/10.1111/1365-2664.13705

10. *Aichi Biodiversity Targets*, Convention on Biological Diversity, 18 September 2020, https://www.cbd.int/sp/targets/

11. *Seventeen Goals to Transform our World*, United Nations, https://www.un.org/sustainabledevelopment/

12. *Women in Agriculture: Closing the gender gap for development*, FAO, 2010, http://www.fao.org/publications/sofa/2010-11/en/

13. *Poverty and Famines: An Essay on Entitlement and Deprivation*, Amartya Sen, Oxford: Clarendon Press, 1981, https://oxford.universitypressscholarship.com/view/10.1093/0198284632.001.0001/acprof-9780198284635

Que faire de ce livre une fois que vous n'en voulez plus ?

1. Lui donner une seconde vie

Prolongez la durée de vie de ce livre en le donnant à un proche, une association ou en le revendant. Un livre peut toujours avoir une utilité avant d'être jeté.

2. Bien le recycler

S'il doit être jeté, mettez le au recyclage pour que le papier qui le compose soit réutilisé. Mais attention, il est important d'éliminer les perturbateurs de recyclage avant :

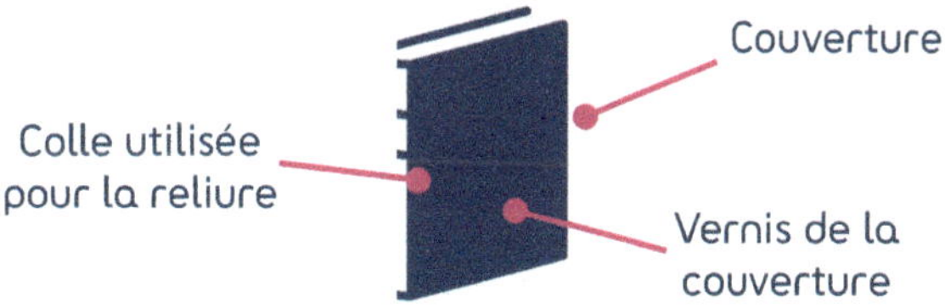

Pour cela, il suffit de lui retirer sa couverture et de la mettre dans le bac des emballages et le cahier central dans le bac des papiers.

Dépôt légal : décembre 2021

Made in United States
North Haven, CT
10 November 2026

22084519R00057